中等职业教育公共基础课规划教材

计算机基础

倪志鹏　谢　枫　蒋腾旭　主　编
段水良　张先成　　　　　副主编
查玉祥　郭　坤

中国财政经济出版社

图书在版编目（CIP）数据

计算机基础/倪志鹏，谢枫，蒋腾旭主编．—北京：中国财政经济出版社，2013.8
中等职业教育公共基础课规划教材
ISBN 978－7－5095－4684－0

Ⅰ.①计…　Ⅱ.①倪…②谢…③蒋…　Ⅲ.①电子计算机－中等专业学校－教材
Ⅳ.①TP3

中国版本图书馆 CIP 数据核字（2013）第 165411 号

责任编辑：陈　冰　　　　责任校对：王　英
封面设计：陈　瑶　　　　版式设计：董生萍

中国财政经济出版社 出版
URL：http：//www.cfeph.cn
E－mail：cfeph@cfeph.cn

社址：北京市海淀区阜成路甲 28 号　邮政编码：100142
营销中心电话：88191537　北京财经书店电话：64033436　84041336
三河市宏图印务有限公司印刷　各地新华书店经销
787×1092 毫米　16 开　10.25 印张　191 000 字
2013 年 8 月第 1 版　2020 年 7 月河北第 4 次印刷
定价：24.00 元
ISBN 978－7－5095－4684－0/TP・0028
（图书出现印装问题，本社负责调换）
本社质量投诉电话：010－88191661　QQ:2242791300

前 言

21 世纪是计算机革命的时代，在不久的将来，世界和中国都将进入这个时代，这已成为不可阻挡的历史潮流。在信息技术高度发展的今天，计算机正潜移默化地改变着人类生存及生活的模式，然而控制与掌握计算机的人，就是人类未来命运的主宰。今后的道路都必将同计算机息息相关，只有掌握并充分利用计算机，才不致于被时代的潮流淘汰。熟练使用计算机也成为了求职人员必备的三大核心技能之一。

随着科学技术的高速发展，市场对人才的需求发生了显著的变化，社会分工越来越细，对高等院校和职业院校的人才培养模式和专业定位提出了新的要求和挑战。谁定位准确，适应市场经济对人才的素质技能要求，谁就将为学生的日后就业和发展争得领先优势。因此，如何掌握计算机知识和操作技能，并能形成适应岗位变化、解决实际问题的能力，已成为中职学生迫切需要解决的问题。

针对中职学校以就业为导向，培养实际应用型技能操作人才和一线生产技术工人的特点，中职学校将计算机类课程列为专业基础技能课的定位不仅准确而且切合社会需求实际。

为此，我们组织具有丰富教学经验和实践经历的一线教师，根据目前中职学生的特点，编写了这套适用性和针对性非常强的计算机类系列教程和上机指导与习题。本教材有以下特色：

在教学内容的选择上，注重知识的实用性和可操作性，理论少儿精，把教学重点放在基本操作技能和动手解决实际工作问题的能力培养上；

在编写形式上，以项目化任务驱动教学法为主线，以课堂任务—知识要点—操作步骤—知识拓展—综合技能训练的方式分解每个教学任务。任务明确，思路清晰，可操作性强，既方便教师教学，也便于学生自学。

本教材适用于五年制大专的前两年和中职学生的教学使用。希望使用本教材的学生和读者能够轻松掌握计算机实用操作技能，更好地为社会服务，实现个人人生价值。

本书编写人员如下：主编：倪志鹏、谢枫、蒋腾旭；副主编：段水良、张先成、查玉祥、郭坤；编委：陶逸、应亮、闵洁、陈健。各章编写分工如下：第一章、第二章由闵洁编写；第三章由段水良编写；第四章由陈健编写；第五章由谢枫编写；第六章由倪志鹏编写；第八章由蒋腾旭编写；第七章由应亮编写。

编 者

2013 年 7 月

目　录

第一章
计算机基础知识

计算机俗称“电脑”，也有人称它为微机、PC 机、个人电脑。随着计算机技术的发展，计算机应用已由少数专业人员使用发展成为我们每个人生活和工作不可缺少的一部分。现代社会是信息的社会，微电子、计算机、通信以及数字技术飞速发展，计算机已成为人类工作、学习、生活和娱乐不可缺少的工具。因此，了解计算机，学会和更好地使用计算机已成为当今社会每一个人的迫切需求。

任务一　计算机概况

从 1946 年第一台电子数字计算机诞生以来，计算机已成为发展最快的一门学科。尤其是微型计算机的出现，使得计算机成为人们必不可少的工作工具。本节主要介绍从感性上认识计算机的历史、分类、特点和应用等基础知识。

一、计算机的发展

1946 年 2 月，第一台全自动电子计算机 ENIAC（Electronic Numerical Integrator And Calculator）即“电子数字积分计算机”诞生了。ENIAC（如图 1－1 所示）的诞生标志着电子计算机时代的到来，它的出现具有划时代的意义。经过几十年的不断发展，计算机的更新换代越来越快，并推动人类社会更快地向前发展。根据计算机构成的电子元器件时代来划分计算机发展阶段，一般将计算机的发展分为四个阶段，见表 1－1。

图 1－1

表 1－1　　计算机发展的四个阶段

	第一代	第二代	第三代	第四代
起止时间	1946—1957 年	1958—1964 年	1965—1970 年	1971 年至今
电子器件	电子管	晶体管	中、小规模集成电路	大规模、超大规模集成电路
主存储器	磁心、磁鼓	磁心、磁鼓	磁心、磁鼓、半导体存储器	半导体存储器
外部辅助存储器	磁带、磁鼓	磁带、磁鼓	磁带、磁鼓、磁盘	磁带、磁盘、光盘
处理方式	机器语言 汇编语言	监控程序 连续处理作业 高级语言编译	多道程序 实时处理	实时、分时处理 网络操作系统
运算速度	（5 000～30 000）次/秒	（几十万～百万）次/秒	（百万～几百万）次/秒	（几百万～千亿）次/秒
应用领域	国防及高科技	工程设计、数据处理	工业控制、数据处理	工业、生活等各方面

（一）第一代计算机

第一代计算机（1946—1957 年），采用的主要元器件是电子管，因此也被称为“电子管计算机”。其主要特征为：采用电子管元件作为逻辑元件，体积庞大、耗电量高、可靠性差和维护困难；运算速度慢，每秒仅为几千次；内存容量小，采用磁鼓、小磁芯片作为存储器，仅为几 KB；主要使用机器语言编程。因此，第一代计算机主要用于科学研究和军事。

（二）第二代计算机

第二代计算机（1958—1964 年），采用的主要元器件是晶体管，因此被称为“晶体管计算机”。其主要特征为：采用晶体管元件作为逻辑元件，体积大大减小、可靠性强、寿命延长；运算速度加快，每秒可达到几十万次；内存容量大大提高，采用磁芯作为内存储器，磁盘、磁带作为外存储器，容量达到几十 KB；程序设计开始使用高级程序语言，如 C 语言、COBOL 语言和 PASCAL 语言等；计算机开始在数据处理和事务处理领域中得到应用。晶体管计算机的发明给计算机技术带来了革命性的变化。

（三）第三代计算机

第三代计算机（1965—1970 年），采用的主要元器件为中、小规模的集成电路，在几平方毫米的单晶硅片上集成由十几个甚至上百个电子元件组成的逻辑电路。其主要特征为：体积进一步缩小，寿命更长；运算速度每秒可达到几百万次；存储器进一步发展，体积更小、价格低、软件逐渐完善；语言进一步发展，出现了操作系统和交互式语言，计算机开始广泛应用于各个领域。

（四）第四代计算机

第四代计算机（1971 年至今），开始全面采用大规模和超大规模的集成电路，被称为“电子计算机”。其主要特征为：采用大规模和超大规模元器件，体积更小，可靠性更好，寿命更长；运算速度每秒可达到几千万次；软件配置更丰富，并且制作更加工程化和理论化；操作系统不断完善；计算机已在办公自动化、数据库管理、语言识别等各个领域内大显身手，人类进入了以计算机网络化为特征的时代。

二、计算机的分类

数字计算机按其应用特点可分为两大类，即专用计算机和通用计算机。**专用计算机**是针对某一特定应用领域或面向某种算法而研制的计算机，如：工业控制机等。其特点是它的系统结构及专用软件对所指定的应用领域是高效的，若用于其他领域则效率较低。**通用计算机**是面向多种应用领域和算法的计算机。其特点是它的系统结构和计算机的软件能适合多种用户的需求。通用数字计算机根据其性能、用途大体可分为五类：巨型机、大型机、小型机、工作站、微型计算机。

（一）巨型机（Supercomputer）

巨型机运算速度最高、存储容量大、通道速率快、处理能力强、工艺技术性能先进，主要用于复杂的科学和工程计算，如天气预报、飞行器的设计以及科学研究等特殊领域。目前巨型机的处理速度已达到每秒数千亿次。巨型机代表了一个国家的科学技术发展水平。

（二）大型机（Mainframe）

大型主机即通常说的大、中型机，具有很强的数据处理和管理能力，工作速度相对较快。主要应用于高等学校、较大的银行和科研院所。

（三）小型机（Minicomputer）

小型机规模小，结构简单（与上述机型相比较），价格便宜，而且通用性强，维修使用方便。它适合工业、商业和事务处理应用。

（四）工作站（Workstation）

工作站是一种新型的计算机系统，介于PC机和小型机之间的一种高档微型机。功能强、速度快，能用来进行比较专业的工作，具有较强的联网能力。

（五）微型计算机（Microcomputer）

微型计算机也被称为“个人计算机”（Personal Computer，PC），它是当今最为普及的机型。PC机体积小、功耗低、成本低、灵活性大，其性能价格比明显地优于其他类型的计算机，因而现在绝大多数个体用户使用的是PC机。本书在下面提到的计算机指的就是这种个人计算机（PC机）。

三、计算机的特点

计算机是一种可以进行自动控制、具有记忆功能的现代化信息处理工具。它的主要特点是运算速度快、计算精确度高、具有记忆和逻辑推理功能等。

1. 运算速度快。目前最快的计算机运算速度可达到每秒上百亿次。

2. 计算精确度高。目前普通的计算机就能达到十几位甚至几十位有效数字和计算精度，这是一般的计算工具无法相比的。

3. 存储容量大。计算机能够把大量的数据和程序存入存储器，并能把处理的结果也保存在存储器中，当需要这些信息时，可以准确快速地把它们调出。计算机的存储器类似于人脑。

4. 具有逻辑推理能力。计算机能在执行命令的过程中，自动根据上一步执行结果判断下一步该做什么，并可根据判断自动地决定以后要执行的命令。

5. 可靠性高。因为采用了大规模和超大规模的集成电路，所以现在的计算机可靠性非常高。可以自动连续地高速、准确计算，可以不分昼夜地工作而不发生故障。

四、计算机的应用

由于计算机具有运算速度快、计算精确度高、可靠性高、逻辑推理能力强等特点，因此其应用领域非常广泛，几乎渗透到社会的各行各业中。使用计算机能够帮助人们完成一定的工作，可以大大提高工作效率，并且可以替代人类部分的脑力劳动。

计算机应用领域可划分为以下几个方面：

（一）科学计算

科学计算指用于完成科学研究和工程技术中提出的数学问题的计算，第一台计算机就是为了这个需要而诞生的。随着科学技术的发展，许多高精度的复杂计算都是由计算机来完成的，例如：天气预报、高能物理、火箭的运行计算和地质勘探等许多高尖端科技都离不开计算机的计算。这是计算机应用的一个重要领域。

（二）信息处理

信息处理是指计算机对信息进行记录、整理、分析、合并、分类和统计等加工处理。一般应用于企业管理、事务管理、办公自动化、情报检索等领域。现代社会是一个信息化的社会，为了全面、深入、精确地认识和掌握信息所反映的事物本质，只有使用计算机对其进行一定的处理。目前利用计算机对信息进行处理已成为计算机应用的一个重要方面。

（三）自动控制

自动控制又称为过程控制和实时控制，即指计算机及时采集数据，将数据处理后，按最佳值迅速对控制对象进行控制的过程。例如：对生产设备及其过程进行控制，可大大提高自动化水平和减轻劳动强度。利用计算机进行过程控制，可以提高过程的准确性和及时性，从而改善劳动条件、提高生产质量和节约能源。

（四）辅助功能

计算机辅助功能是指综合利用计算机的工程计算、数据处理、逻辑判断能力和人的经验各方面的结合，形成一个专门系统帮助人们完成任务。目前主要的计算机辅助功能有：辅助设计、辅助教学、辅助制造和辅助测试等。

计算机辅助设计是指利用计算机来帮助人们进行工程设计。计算机辅助教学是指将教学内容、教学方法等录入到计算机中，帮助学生轻松学到所需要的知识。计算机辅助制造是指利用计算机进行生产管理、控制和操作。计算机辅助测试是指利用计算机来完成大量复杂的测试工作。

（五）多媒体和网络

多媒体是指以计算机技术为基础并融合大众传播和通信技术为一体，通过交互处理数据、文字、声音和图像等不同形式的信息的一种综合技术。这种技术在教育、电视会议和家庭娱乐等方面得到了广泛应用。

当前是计算机和网络的时代，把多个计算机连接成网，即可以实现资源共享。随着社会信息化的发展，计算机网络得到迅速发展，作用也越来越大。目前世界上最大的网络即国际互联网（Internet）几乎把全球大多数国家联系起来了。

（六）电子商务

电子商务指通过计算机和网络进行的商务活动。电子商务始于1996年，是在Internet基础上发展起来的，主要是通过网络进行商业交易。

虽然电子商务的起步不久，但由于其具有高效率、高收益、低支付和全球性的特点，很快受到各界人士的广泛重视，具有很好的发展势头。

（七）人工智能

人工智能也称为智能模拟，一般是指模拟人脑进行演绎推理和采取决策的思维过程。这是一种涉及计算机科学、控制论、信息论、仿生学、神经生理学和心理学等学科的边缘科学。

人工智能的研究领域包括模式识别、机器证明、自然语言理解、专家系统、机器翻译、机器人等。

五、计算机的发展方向

未来的计算机将以超大规模集成电路为基础，向巨型化、微型化、智能化、网络化等方向发展。

1．巨型化。计算机的运算速度更高、存储容量更大。目前正在研制的巨型计算机运算速度可达每秒百亿次。

2．微型化。微型计算机已被应用于仪器、仪表、家用电器等小型仪器设备，同时也作为工业控制过程的心脏，使仪器设备实现“智能化”。随着微电子技术的不断发展，笔记本电脑、掌上电脑等必将更受人们的欢迎。

3．智能化。智能化是计算机发展的一个重要方向，对它的研究主要是建立在现代科学基础上的。新一代计算机，将可以模拟人的行为和思维过程，具有“看”、“听”、“说”、“想”、“做”等具有逻辑推理和学习的能力。

4．网络化。随着计算机应用的深入以及家用计算机的普及，有更多的用户希望能共享信息资源，各计算机之间能互相传递信息。计算机网络是现代通信技术和计算机技术结合的产物，并且在现代企业的管理中发挥着越来越重要的作用。

任务二　计算机系统的组成

一、计算机结构及工作原理

计算机系统的组成包括硬件和软件两大部分，硬件是指计算机本身和各种外部设备，软件是指系统软件和一些应用软件。硬件是计算机的物质基础，软件在硬件的基础上发挥作用，两者相辅相成，协调工作，共同构成一个完整的计算机系统。计算机结构如图 1－2 所示。

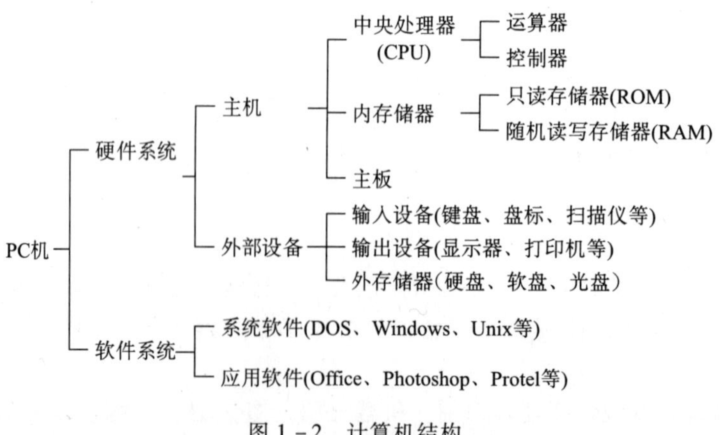

图 1－2　计算机结构

有了这些部件，计算机是怎样工作的呢？简单来说，计算机的工作原理就是存储程序和程序控制。即，首先把计算机如何进行操作的指令序列（称为“程序”）和原始数据输入到计算机内存中，然后每一条指令中明确规定了计算机从哪个地址取数、怎样操作、最后送到哪个步骤，就这样在控制器的指挥下完成规定的所有操作步骤，直到接到停止指令。其工作原理如图 1－3 所示。

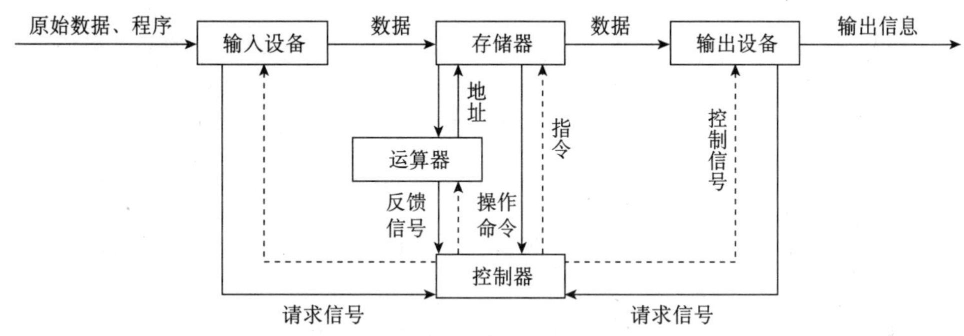

图 1－3　计算机工作原理

二、计算机硬件系统

一个完整的硬件系统，不仅需要各种看得见的物理装置，还必须具备某种功能。1946 年，美籍匈牙利数学家冯·诺依曼提出了计算机的硬件结构，其主要由运算器、控制器、存储器、输入设备和输出设备五大基本部件组成，其中以运算器为中心。

（一）运算器

运算器是计算机进行信息加工的场所，所有的算术运算和逻辑运算都在这里进行。算术运算指的是加、减、乘、除等各种数值的运算；逻辑运算指进行逻辑判断、逻辑比较的非数值运算。运算器中的数据取自内存，运算结果又送往内存中保存起来，而这一切操作是在控制器的控制下进行的。

（二）控制器

控制器是计算机的指挥部，是计算机的“神经中枢”。它负责对控制信息进行分析，通过分析发出操作控制信号，控制数据的传输和加工；同时，控制器也接收其他部件送来的信号，协调计算机各个部件之间步调一致地工作。

运算器和控制器合称“中央处理器”，简称 CPU。

（三）存储器

存储器是指计算机的记忆装置，用来存放参与运算的数据和程序的部件。存储器又分为内存储器和外存储器两大类。

（1）内存储器。内存储器又称“主存储器”，简称“内存”，其突出的特点是存取速度快、容量小、价格贵。目前，内存储器都是由半导体构成的。从使用功能上分为随机存储器

(RAM) 和只读存储器 (ROM)。计算机系统中大量使用的是 RAM，只有当开机后才能存储，断电后所有存储的内容将消失，所以一定要存盘。

(2) 外存储器。外存储器又称“辅助存储器”，简称“外存”，其突出的特点是容量大、价格低、存取速度慢。目前使用的外存储器主要有硬盘、软盘和光盘 3 种。

(四) 输入设备

输入设备是将需要进行处理的数据输入计算机的设备。输入设备由两部分组成，一部分是输入接口电路，一部分是输入装置。输入装置通过接口电路与主机连接起来，从而接收各种数据。常用的输入设备有：键盘、鼠标、光电输入机、扫描仪等。

(五) 输出设备

输出设备是将存放在内存中的经过计算机处理的数据结果，以某种人们可以识别的形式表现出来的设备。输出设备是由两部分组成，一部分是输出接口电路，一部分是输出装置。通过接口电路，计算机将输出的数据传送到输出设备上。常用的输出设备有显示器、打印机等。

三、计算机软件系统

要实现计算机的正常运行，仅有完备的硬件系统是不行的，还必须有相应的软件系统。软件系统是指为了管理、指挥和维护计算机完成各种任务而编制的程序，可分为系统软件和应用软件两部分。

(一) 系统软件

系统软件是一种非常特殊的软件，它的目的在于管理计算机系统中的各种资源，并在用户、其他应用程序与各种系统资源之间建立一个桥梁。目前常用的系统软件主要有 Windows，Unix，Linux 以及用于苹果机的 Mac OS 等，其中 Microsoft 公司的 Windows 最为著名，应用最为普遍。

(二) 应用软件

应用软件是为了满足用户各种专门需要而设计和开发的，它必须在系统软件的支持下才能工作。随着科学技术的发展，应用软件已经涉及社会的各个领域。目前，最常用的应用软件有科学计算软件包、字处理软件、辅助工程软件、图形软件、工具软件等，例如 Office XP，WPS，Photoshop，AutoCAD，3DS MAX，Flash，Winamp 等。

任务三　微型计算机的组成

微型计算机简称为“微机”，是计算机大家族中的一员。微机与传统的计算机没有本质的区别，不同之处在于，随着集成电路工艺的不断提高，微机把控制器和运算器集成在电路芯片上，统称为“微处理器”或“中央处理器”，是计算机的心脏。从微机的外观看，它由主机、显示器、键盘和鼠标等组成，如图 1－4 所示。

图 1－4　微机组成

一、主机

主机是计算机最主要的部分，从外表上可分为卧式和立式两种。主机通常是被一个长方形的金属机箱包裹住，如图 1－5 所示。在主机箱的正面一般有电源开关、复位按钮、软盘驱动器接口、光盘驱动器接口、指示灯、USB 接口等。

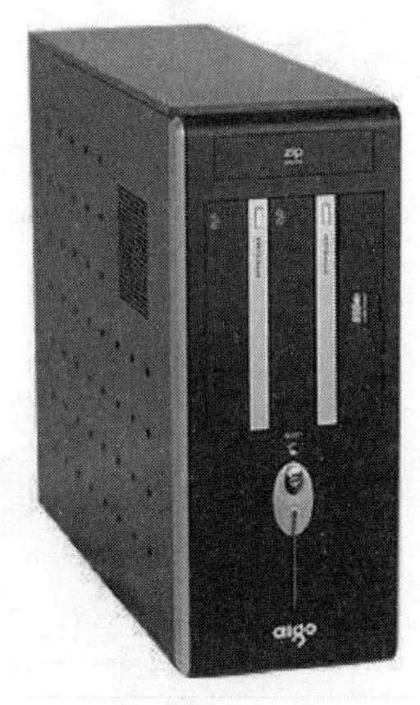

图 1－5　主机

二、显示器

显示器是计算机必不可少的输出设备，它是人机交流的主要部件，用于显示文字、图表等各种信息。计算机的显示系统主要由显示器和显卡构成。显卡用于控制字符与图形在显示器屏幕上的输出，而显示器只是将显卡输出的信号表现出来。显示器的显示内容和显示质量的高低主要由显卡的功能决定，常见的有阴极射线管（CRT）显示器和液晶（LCD）显示器两种，如图 1－6 所示。

图 1－6　显示器

三、音箱

音箱是多媒体计算机的重要组成部分，用来输出各种音频信号，见图 1－7。

图 1－7　音箱

四、键盘和鼠标

键盘和鼠标是计算机中最主要的输入设备。常见的键盘有 104 键、107 键、108 键，见图 1－8 所示。常见的鼠标按结构不同可分为机械鼠标、光电鼠标和无线鼠标 3 种，如图 1－9 所示。

图 1－8　键盘　　图 1－9　鼠标

五、中央处理器

中央处理器 CPU（Central Processing Unit）是计算机的核心（见图 1－10），其内部结构由控制单元、逻辑单元和存储单元三大部分构成，它们相互协调，进行分析、判断、运算等工作。

图 1－10　CPU

六、内存和硬盘

内存储器（内存），是计算机的记忆中心（见图 1－11）。内存主要用来存放当前计算机运行所需要的程序和数据，其大小直接影响到计算机的运行速度。内存越大，信息交换越快，处理数据就越快。

图 1－11　内存储器

硬盘是计算机中一种主要的外部存储器，用于存放系统文件、用户的应用程序数据。硬盘最大的特点就是存储容量大，具有取速度快、可靠性高、每兆字节成本低等优点。目前常见的硬盘容量是 80 GB 和 120 GB（见图 1－12）。

图 1－12　硬盘

七、光盘和光驱

光盘驱动器简称“光驱”，是一种只读的外部存储设备，而光盘的读写是靠光盘驱动器进行的（见图 1－13）。

图 1－13　光盘和光驱

八、移动硬盘和 U 盘

对于大容量的文件，有时需要使用移动硬盘来完成存储任务（见图 1－14）。U 盘也称

"闪存"或"闪盘"，是以闪存芯片为信息载体记录保存数据的，其优点是快速读写，电脑断电后仍保留信息（见图 1－15）。

图 1－14 移动硬盘

图 1－15 U 盘

九、打印机

打印机是计算机的另一种输出设备，用于将信息输出到纸上。可分为针式打印机、喷墨打印机和激光打印机 3 种，如图 1－16 所示。每种又可分为彩色和单色打印机。如果用户所使用的计算机没有连接打印机，可以把要打印的东西存储到软盘或其他外存储设备上，到其他连接有打印机的计算机上打印即可。

针式打印机　　喷墨打印机　　激光打印机

图 1－16 打印机

十、扫描仪

扫描仪是常见的外部输入设备，可以将照片、文字、图像等扫描到计算机中，并以图片的格式保存在计算机中，如图 1－17 所示。

图 1－17 扫描仪

十一、数码相机和数码摄像机

数码相机是一种获取数字化图像的工具（图 1－18）。它不但可以实现普通相机的功能，而且可以将进入镜头的图形存储在一个转接盘上，再存储到计算机中，利用软件处理拍摄的效果，可以得到精美的图片。另外，利用数码相机可以保存档案，便于以后查询。

随着计算机应用的普及和提高，越来越多的用户开始使用数码摄像机（图 1－19），伴随这种技术的进步及其价格的下降，数码摄像机已经能够被普通家庭所接受。

图 1－18　数码相机

图 1－19　数码摄像机

十二、摄像头

摄像头是一种新型的视频设备，具有小巧的外形和较好的图像效果，可以实现一些高档数字设备，如数码相机和摄像机的部分功能。但只能安装在电脑附近，使用距离有限，其外形如图 1－20 所示。

图 1－20　摄像头

任务四　操作系统概论

操作系统（Operating System，OS）是用于管理、操纵和维护计算机并使其正常高效运行的软件，它是计算机软、硬件资源的管理者和软件系统的核心。

一、操作系统的概念

操作系统是直接控制和管理计算机硬件资源和软件资源，以方便用户有效地利用这些资源的程序集合。操作系统的应用主要有以下三个方面：一是操作系统为用户提供一个清晰、简洁、易于使用的友好界面；二是操作系统使计算机系统中的各种资源得到充分而合理的利用，提高了系统资源的利用率；三是在开发软件时，需要使用操作系统进行管理，调用有关的工具软件及其他软件资源，提供软件的开发与运行环境。操作系统是计算机系统中系统软件的重要组成部分，它是最低层的系统软件，是对硬件系统功能的首次扩充。

二、操作系统的功能

操作系统的功能是管理和控制计算机系统中所有的软、硬件和数据资源，合理地组织计算机的工作流程，并为用户提供了一个良好的工作环境和友好的操作界面。计算机系统的资源通常被分为四类：中央处理器（CPU）、内存储器、外部设备（磁盘、显示器、打印机等）以及程序和数据。

操作系统的主要部分驻留在主存储器中，人们通常把这部分称为操作系统的内核或核心。操作系统具有五个方面的功能：作业管理、进程管理、存储管理、设备管理和文件管理。

所谓作业，是用户在一次运算或事务处理过程中，要求计算机系统所做的工作的集合；所谓进程，是程序运行的动态过程。作业管理和进程管理分别是处理器管理的静态和动态两个方面。

处理器管理主要解决对处理器的分配调度策略、分配实施、资源回收等问题。

存储管理主要管理内存资源，根据用户程序的要求给它分配内存，保护用户存放在内存中的程序和数据不被破坏，同时存储管理还解决内存的扩充问题。

设备管理负责管理各类外围设备，包括分配、启动、故障处理等。

文件管理是操作系统对计算机系统中软件资源的管理，通常由操作系统中的文件系统不定期完成这一功能，支持文件的存储、检索、修改等操作，解决文件的共享、保密和保护问题。

三、操作系统的组成和分类

目前运行在 PC 机上的操作系统主要有 Microsoft 的 MS - DOS，Windows，Windows NT，IBM 的 OS/2 等。早期的 PC 机用户普遍使用 MS - DOS，因为这种操作系统对机器的硬件配置要求不高，而随着计算机硬件技术的飞速发展，硬件设备价格越来越低，人们可以相对容易地提高计算机的硬件配置，于是开始使用 Windows、Windows NT 等具有图形界面的操作系统。随着网络技术和应用的推广，网络操作系统也越来越被 PC 机用户所接受。Linux 是新近被人们所关注的操作系统，它正在逐渐为 PC 机的用户所接受。

根据操作系统使用环境的不同，操作系统一般分为以下几种类型：批处理操作系统、分时操作系统和实时操作系统。

根据操作系统用户数目的不同，操作系统一般可分为单用户系统、多用户系统、单机系统和多机系统。

根据计算机硬件结构的不同，操作系统一般可分为网络操作系统、分布式操作系统和多媒体操作系统。

（一）Unix 系统

Unix 是 1969 年问世的一个多用户、多任务操作系统，它最初运用在中小型计算机上。最早移植到 80286 微机上的 Unix 系统，称为 Xenix。Xenix 系统的特点是短小精练，系统开销小，运行速度快。经过多年的发展，Xenix 已成为十分成熟的系统，最新版本的 Xenix 是 SCO Unix 和 SCO CDT。当前的主要版本是 Unix 3. 2 V4. 2 以及 ODT 3. 0。

Unix 系统一直是现代工程工作站的主流操作系统。Unix 各版本的基本特性是一致的，即开放性、多用户、多任务、功能强、实现高效、网络功能丰富。

Unix 是一个多用户系统，一般要求配有 8 MB 以上的内存和较大容量的硬盘。

（二）Linux 系统

Linux 是由芬兰赫尔辛基大学的学生 Linus Torvalds 在 1991 年开发出来的一种可以运行在 PC 机上的免费的 Unix 操作系统。其源程序在 Internet 网上公开发布，由此，引发了全球电脑爱好者的开发热情，许多人下载该源程序并按自己的意愿完善某一方面的功能，再发回网上，Linux 也因此被雕琢成为一个全球最稳定的、最有发展前景的操作系统。Linux 操作系统具有如下特点：

1. 它是一个免费软件，用户可以自由安装并任意修改软件的源代码。
2. Linux 操作系统与主流的 Unix 系统兼容，这使得它一出现就有了一个很好的用户群。
3. Linux 几乎支持所有的硬件平台，包括 Intel 系列、680x0 系列、Alpha 系列及 MIPS 系列等，并广泛支持各种周边设备。

目前，Linux 正在全球各地迅速普及推广，各大软件商均发布了 Linux 版的产品，许多硬件厂商也推出了预装 Linux 操作系统的服务器产品。

（三）DOS 操作系统

DOS 的全称为磁盘操作系统，它是用户和计算机之间的接口，用户依靠 DOS 来使用和管理 PC 机。从 1981 年问世至今，DOS 经历了 7 次大的版本升级，不断地改进和完善。但是，DOS 的单用户、单任务、字符界面和 16 位的大格局没有变化，因此它对于内存的管理也局限在 640 KB 的范围内。

DOS 最初是为 IBM - PC 开发的操作系统，因此，它对硬件平台的要求很低，即使对于 DOS 6.0 这样高版本的 DOS，在 640 KB 内存、40 MB 硬盘、80286 处理器的环境下也可正常运行，因此 DOS 既适合于高档微机使用，又适合于低档微机使用。

常用的 DOS 有三种不同的品牌，它们是 Microsoft 公司的 MS - DOS，IBM 公司的 PC - DOS 以及 Novell 公司的 DR - DOS。这三种 DOS 都是兼容的，但仍有一些区别，其中使用最多的是 MS - DOS。

四、Windows 操作系统

Microsoft Windows 1.0 是 Windows 系列的第一个产品，于 1985 年开始发行。Windows 1.0 中鼠标作用得到特别的重视，用户可以通过点击鼠标完成大部分的操作。Windows 1.0 自带了一些简单的应用程序，包括日历、记事本、计算器等等。

1987 年 12 月 9 日，Windows 2.0 发布，是一个基于 MS - DOS 操作系统、看起来像 Mac OS 的微软 Windows 图形用户界面的 Windows 版本。之后又推出了 Windows 386 和 Windows 286 版本。

1990 年 5 月 22 日，Windows 3.0 正式发布，由于在界面/人性化/内存管理多方面的巨大改进，终于获得用户的认同。之后微软公司趁热打铁，于 1991 年 10 月发布了 Windows 3.0 的多语版本，为 Windows 在非英语母语国家的推广起到了重大作用。

Windows 3.1，MS - DOS 操作系统。第一版发行于 1992 年 3 月 18 日，添加了对声音输入输出的基本多媒体的支持和一个 CD 音频播放器，以及对桌面出版很有用的 TrueType 字体。这个版本开始可以播放音频、视频、屏幕保护程序。

1994 年，Windows 3.2 发布。Windows 3.2 实质上是微软 Windows 3.11 的简体中文版本，没有发行其他语言版。由于消除了语言障碍，降低了学习门槛，因此该版本很快在中国流行了起来。

Windows 95 是一个混合的 16 位/32 位 Windows 系统，其内核版本号为 4.0，由微软公司发行于 1995 年 8 月 24 日。Windows 95 是微软之前独立的操作系统 MS - DOS 和 Windows 产品的直接后续版本。它第一次抛弃了对前一代 16 位 x86 的支持，因此它要求英特尔公司的 80386 处理器或者在保护模式下运行于一个兼容的速度更快的处理器。

Windows 98 是一个发行于 1998 年 6 月 25 日的混合 16 位/32 位的 Windows 系统，其内核版本号为 4.1。这个新的系统是基于 Windows 95 编写的，它改良了硬件标准的支持，例如 MMX 和 AGP。其他特性包括对 FAT32 文件系统的支持、多显示器、Web TV 的支持和整合到 Windows 图形用户界面的 Internet Explorer，称为活动桌面（Active Desktop）。

Windows 98 SE（第二版）发行于 1999 年 5 月 5 日。它包括一系列改进，如 Internet Explorer 5、Windows Netmeeting 3、Internet Connection Sharing、对 DVD - ROM 和对 USB 的支持。另外 98SE 的核心部分比 Windows 98 多了影音流媒体接收能力，以及 5.1 声道支持。

Windows Me（Windows Millennium Edition）是一个 16 位/32 位混合的 Windows 系统，于 2000 年 9 月 14 日发行。Windows Me 是最后一个基于 DOS 的混合 16 位/32 位 Windows 系统，其内核版本号为 4.9。

Windows 2000 是一个由微软公司发行于 1999 年 12 月 19 日的 32 位图形商业性质的操作系统，内核版本号为 NT5.0。从 Windows 2000 开始，微软推出了基于 NT 核心的适合家庭及个人用户的桌面操作系统。

Windows XP 是微软公司发布的一款视窗操作系统，内核版本号为 NT5.1。它发行于 2001 年 8 月 25 日，原来的名称是 Whistler。微软最初发行了两个版本，家庭版（Home）和专业版（Professional）。家庭版的消费对象是家庭用户，专业版则在家庭版的基础上添加了新的为面向商业的设计的网络认证、双处理器等特性；家庭版只支持 1 个处理器，专业版则支持 2 个。字母 XP 表示英文单词的“体验”（experience）。

Windows Server 2003 是目前微软推出的使用最广泛的服务器操作系统，其内核版本号为 NT5.2。一开始，该产品叫作“Windows Whistler Server”，改成“Windows .NET Server 2003”，后最终被改成“Windows Server 2003”，于 2003 年 3 月 28 日发布，并在同年四月底上市。

Windows Vista（以前代号为 Longhorn）在 2006 年 11 月 30 日发布，内核版本号为 NT6.0，为 Windows NT6.X 内核的第一种操作系统，也是微软首款原生支持 64 位的个人操作系统。Vista 是推出时最安全可信的 Windows 操作系统，其安全功能可防止最新的威胁，如蠕虫、病毒和间谍软件。

Microsoft Windows Server 2008 代表了下一代 Windows Server，内核版本号为 NT6.0。使用 Windows Server 2008，IT 专业人员对其服务器和网络基础结构的控制能力更强，从而可重点关注关键业务需求。Windows Server 2008 为任何组织的服务器和网络基础结构奠定了最好的基础。

Windows 7 是微软于 2009 年发布的，开始支持触控技术的 Windows 桌面操作系统，其内核版本号为 NT6.1。在 Windows 7 中，集成了 DirectX 11 和 Internet Explorer 8。通过开机时间的缩短，硬盘传输速度的提高等一系列性能改进，Windows 7 的系统要求低于 Vista，促进了其推广。

Windows Server 2008 R2 为 Windows 7 的服务器版本，系统内核号为 NT6.1，于 2009 年发售。同 2008 年 1 月发布的 Windows Server 2008 相比，Windows Server 2008 R2 继续提升了虚拟化、系统管理弹性、网络存取方式，以及信息安全等领域的应用。

Windows 8 是由微软公司开发的，第一款带有 Metro 界面的桌面操作系统，内核版本号为 NT6.2。该系统旨在让人们的日常的平板电脑操作更加简单和快捷，为人们提供高效易行的工作环境 Windows 8 支持来自 Intel、AMD 和 ARM 的芯片架构。2012 年 8 月 2 日，微软宣布 Windows 8 开发完成，正式发布 RTM 版本；10 月 25 日正式推出 Windows 8，微软自称触摸革命将开始。

Windows Server 2012（开发代号：Windows Server 8）是微软的一个服务器系统。这是Windows 8的服务器版本，并且是Windows Server 2008 R2的继任者。该操作系统已经在2012年8月1日完成编译RTM版，并且在2012年9月4日正式发售。

任务五 Windows XP的基本知识

目前Windows操作系统几乎统治了整个电脑界，它集操作系统、硬件规范、多媒体、通信、网络、移动计算机和娱乐功能于一身。且Windows操作系统功能强大，给电脑界带来了不言而喻的影响。所以在学习使用电脑前，首先要掌握Windows操作系统。在学习Windows操作系统之前，要学习Windows XP的一些基本知识。

一、Windows XP概述

Windows XP（XP是Experience的缩写）是微软公司在新世纪发布的新一代操作系统，给用户在应用上带来更多的新体验。根据用户对象的不同，中文Windows XP可以分为家庭版的Windows XPHome Edition和办公扩展专业版的Windows XP Professional。

Windows XP是基于NT技术的纯32位操作系统，而不像Windows 9x那样是16/32位的操作系统。它运行非常可靠、稳定而且快速，为用户计算机安全、正常、高效地运行提供了保障。

Windows XP系统还大大增强了多媒体性能，对其中的媒体播放器进行了彻底的改造，使之与系统完全融为一体，用户无需安装其他的多媒体播放软件，使用系统自带的“娱乐”功能即可播放和管理各种格式的音频和视频文件。

Windows XP不但使用更加成熟的技术，而且外观设计也焕然一新，桌面风格清新明快、优雅大方，用鲜艳的色彩代替了以往版本的灰色基调，使用户有良好的视觉享受。

总之，Windows XP系统中增加了众多的新技术和新功能，使用户能轻松地完成各种管理和操作。

二、Windows XP的新增功能

Windows XP包含许多新增特性、改进程序以及工具，主要集中在用户界面、多媒体功能和网络功能上，更加方便了用户的操作与管理。

（一）用户登陆界面

进入Windows XP后，将出现一个非常漂亮的用户登陆界面，在外观上与以前的各个Windows版本都有很大的区别。在界面的右边列出了所有用户的账户，并且每个用户都配有一个图标，非常生动。用户的登陆过程也进一步简化，不需要输入用户名，对于没有设置密码的账户，只需要单击用户图标即可登陆，如图1-21所示。

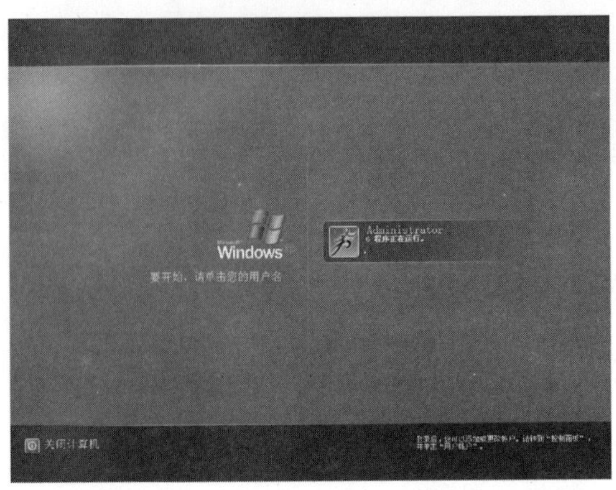

图 1-21　Windows XP 的登陆界面

（二）强大的多媒体功能

Windows XP 内置了 Windows Media Player 8.0 多媒体播放程序，如图 1-22 所示，在界面、音质方面都超过了以前的版本。在工作忙碌之余，用户可以听 CD、看 VCD、播放多种类型的多媒体文件等。Windows XP 还增加了 Windows Movie Maker（视频编辑制作）软件，完全可以满足家庭多媒体制作的要求。

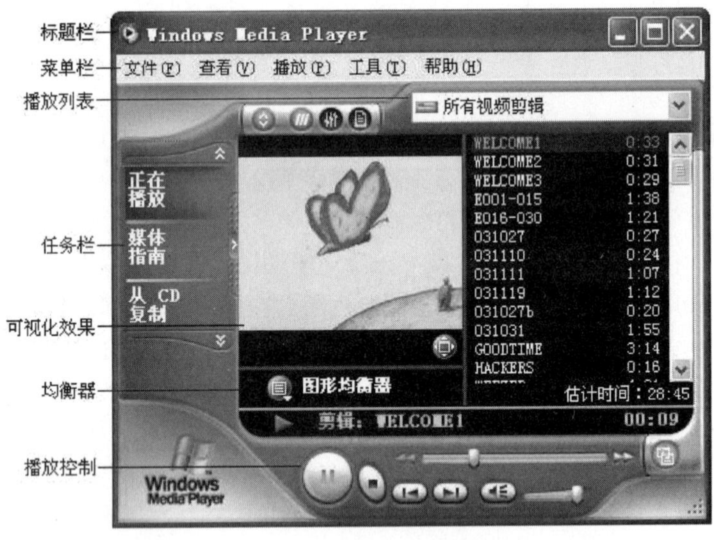

图 1-22　多媒体播放器

（三）网络功能

Windows XP 为用户提供了安全快捷的网络连接。Windows XP 继承了 Windows Me 网络连接的便捷性，无论是通过调制解调器上网，还是家庭小型网络，或者大型局域网，都可以在连接向导的帮助下非常方便地进行安装（见图 1-23）。

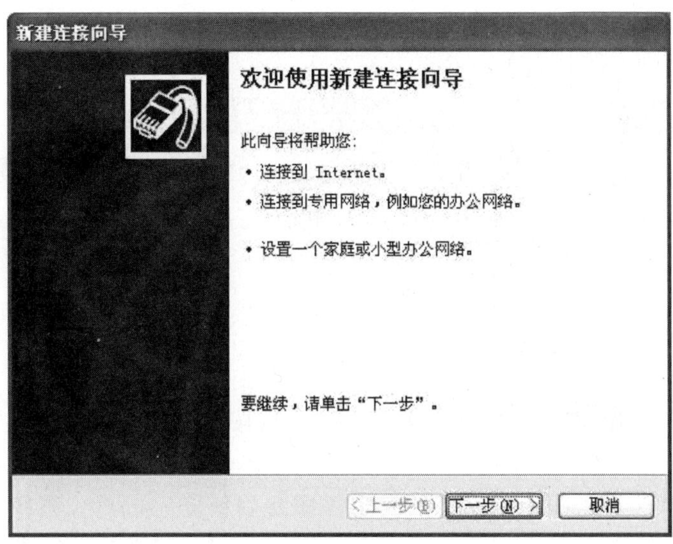

图 1－23　连接向导

注意：Windows XP 不能在 Windows 95/NT 环境下安装。

三、Windows XP 的安装

中文 Windows XP 可以在 Windows 98/Me 或 Windows 2000 环境中安装，也可以直接升级 Windows 版本或进行全新的安装。这里在 Windows 98 环境下安装，其具体操作步骤如下：

1. 启动 Windows 98。

2. 将 Windows XP 的安装光盘放入光盘驱动器，让其自动运行，即可进入 Windows XP 安装程序的欢迎界面，如图 1－24 所示。

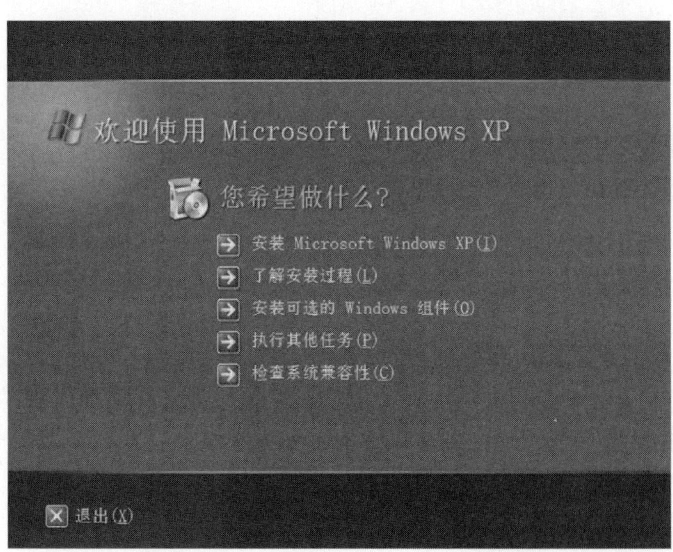

图 1－24　Windows XP 欢迎界面

3. 在该界面上单击“安装 Microsoft Windows XP(I)”按钮，弹出“Windows 安装程序”对话框，在

该对话框中的“安装类型”下拉列表中选择安装类型，系统默认的为“升级”安装。用户还可以在“安装类型”下拉列表中选择“新安装”选项。

4. 然后单击下一步(N) >按钮，弹出Windows 安装程序对话框。

5. 在该对话框中选中◉我接受这个协议(A)单选按钮，然后单击下一步(N) >按钮。

6. 在该对话框中的“产品密钥”文本框中输入 Windows XP 的产品密钥号码。单击下一步(N) >按钮。

7. 在该对话框中用户可以根据需要设置高级选项和辅助功能选项，设置完后单击下一步(N) >按钮。

8. 选中◉否，跳过这一步继续安装 Windows(O)单选按钮，单击下一步(N) >按钮，安装程序开始准备安装。

9. 此时安装程序收集系统信息，在安装程序复制任务完成后，系统将重新启动一次。系统重新启动后，将进行安装 Windows XP 的工作，Windows XP 安装完成后，将重新启动计算机，并进一步完成系统的设置工作。

四、Windows XP 的启动

计算机也可以说是我们日常的家用电器，和一般的家用电器一样，启动计算机时也要接通电源才能工作，不同的是计算机的准备工作比较麻烦，需要经过各种测试及一系列的初始化。启动计算机的过程根据性质不同可分为冷启动、复位启动和热启动。

（一）冷启动

冷启动即电脑在未通电的情况下接通电源来启动。如果磁盘操作系统已经装入硬盘，启动计算机的具体操作步骤如下：

1. 接通电源。
2. 打开显示器电源开关。
3. 接通主机电源。

这时计算机开始启动，首先对内存开始自检，屏幕左上角不停地显示已检测的内存量，然后启动硬盘，计算机自动显示提示信息。

提示：如果已安装 Windows XP，系统则直接进入 Windows XP 界面。

（二）复位启动

复位启动过程类似于冷启动。为避免反复开关影响电脑的寿命，在热启动无效的情况下，可按主机箱前面的“Reset”按钮，即可重新启动。

（三）热启动

热启动是指计算机在已经通电情况下的启动。一般在计算机运行中出现死机、异常停机和死锁于某一状态时使用。其方法为一只手同时按下“Ctrl”键和“Alt”键不放，另一只手按下“Del”键，然后两手同时松开，计算机即可重新启动。

热启动是一种最迅速的启动过程，因为它省去了一些检测过程。但是，如果因为某些严重的错误使热启动无效时只能使用复位启动。

五、Windows XP 的退出

当用户要结束对计算机的操作时，一定要先退出 Windows XP 系统，然后再关闭计算机，否则会丢失文件或破坏程序。如果用户直接关机，而没有退出 Windows XP 系统，系统将认为是非法关机，下次开机时，系统将自动执行自检程序。

（一）Windows XP 的注销

中文 Windows XP 是一个支持多用户的操作系统，为了便于不同的用户快速登陆使用计算机，中文 Windows XP 提供了注销的功能。用户不必重新启动计算机就可以实现多用户登陆，不仅快捷方便，而且减少了对硬件的损耗。

注销 Windows XP 的具体操作步骤如下：

1. 单击 开始 按钮，打开“开始”菜单，如图 1－25 所示。

图 1－25　“开始”菜单

2. 在“开始”菜单下边单击 注销(L) 按钮，弹出 注销 Windows 对话框，如图 1－26 所示。

图 1-26 “注销 Windows”对话框

3. 在该对话框中单击“注销”按钮，系统将保存设置并关闭当前登陆用户。单击“切换用户”按钮，则是在不关闭当前登陆用户的情况下切换到另一个用户，用户可以不关闭正在运行的程序，而当再次返回时系统会保留原来的状态。

（二）关闭计算机

当用户不再使用计算机时，必须先退出 Windows XP，然后才能关闭计算机。具体操作步骤如下：

1. 保存已经打开的文件和应用程序。

2. 单击开始按钮，在打开的“开始”菜单中单击关闭计算机(U)按钮，弹出如图 1-27 所示的关闭计算机对话框。

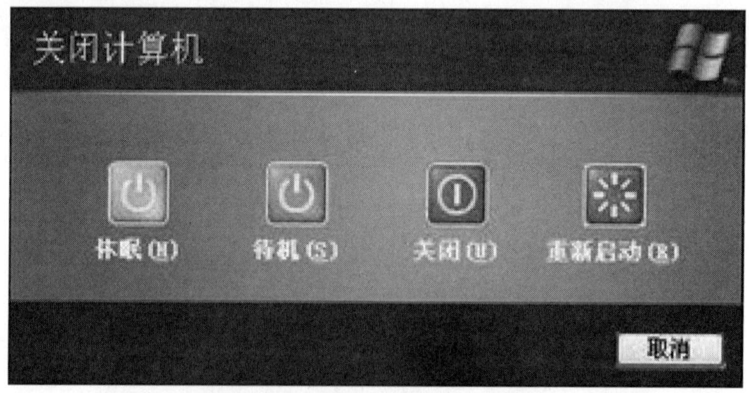

图 1-27 “关闭计算机”对话框

3. 单击“关闭”按钮，即可安全地关闭计算机。

提示：如果用户需要重新启动计算机，则可单击“重新启动”按钮；如果用户暂时不用计算机，可以单击“待机”按钮，此时并不退出 Windows XP，而是转入低能耗状态，以便暂时不用计算机时能节省能源。

课后作业

一、填空题

1. 世界上公认的第一台电子计算机于__________年在__________诞生，它的名字是__________。

2. 第四代计算机开始使用大规模及超大规模的__________作为它的逻辑元件。

3. 计算机的硬件结构主要由__________、__________、__________、__________和__________五大基本部件组成，其中以__________为中心。

4. 计算机的软件主要包括__________和__________。

5. 目前，Windows 操作系统几乎应用于整个电脑界，它集__________、__________、__________、__________、__________、__________和__________功能于一身。

二、简答题

1. 微型计算机由哪几个部分组成？

2. 简述 Windows XP 的新增功能。

三、操作题

1. 打开一台计算机的主机箱，查看内部结构。

2. 练习计算机的开机和关机过程，并注意采用正确的操作步骤。

第二章 中文输入技术

汉字的输入是计算机中文字信息处理技术首先要解决的问题。目前，计算机汉字输入的主要方式是键盘输入、手写输入、扫描输入等，其中最重要、最方便的就是键盘输入方式。因此，掌握好键盘的操作已成为现代人必须具备的一项基本技能。

任务一　认识鼠标

鼠标也是一种常见的输入设备，它可以很方便地完成键盘的所有操作。例如使用鼠标可以完成菜单操作，应有程序的启动等。

鼠标的出现次序为机械式鼠标、光电机械式鼠标和光电式鼠标。光电式鼠标诞生最晚，其中又分两种：旧式的光电鼠标需要使用专门的光栅做鼠标垫，不够方便，光栅磨损后也会影响精度；新式的光电鼠标采用一种名为“光眼”的新型光学引擎，精确度更高、可靠性更好。除了这些标准应用鼠标之外，鼠标家族还有几位兄弟，其中包括专业应用中的轨迹球以及其他用于不同用途的专业鼠标。

在 Windows XP 中，鼠标主要有以下几种操作：

1. 指向：移动鼠标到某一个对象上。
2. 单击：快速按下和释放鼠标左键，主要用于选择某个对象。
3. 右击：快速按下和释放鼠标右键，可以弹出快捷菜单或对象的帮助提示信息。
4. 双击：快速按下鼠标左键两次，可以用来启动某个应用程序或打开窗口。
5. 拖动：按住鼠标左键不放，拖动到一个新位置，可以将所选对象移动到新位置。

另外，鼠标指针在对不同的对象操作时，其指针形状也不一样，表 2－1 为鼠标在不同状态下的形状。

表 2－1　　鼠标形状

形　状	状　态	形　状	状　态
	输入文本或选择文体处		水平调整
	选择窗口、菜单或控制标尺等		沿对角线调整
	等待状态		移动
	帮助选择		候选
	后台运行		链接选择
	垂直调整		手写

任务二　认识键盘

计算机键盘是计算机系统目前最重要的输入设备，它通过电缆线与主机相连。要使用好计算机，首先必须了解计算机键盘上各键的作用，以便熟练地掌握好键盘上各键的使用方法。

键盘是最常用的输入设备，使用它可以方便用户输入文字。标准键盘可以划分为 4 个区域（如图 2－1 所示），分别是：主键码区、功能键区、小键盘区和编辑键区。

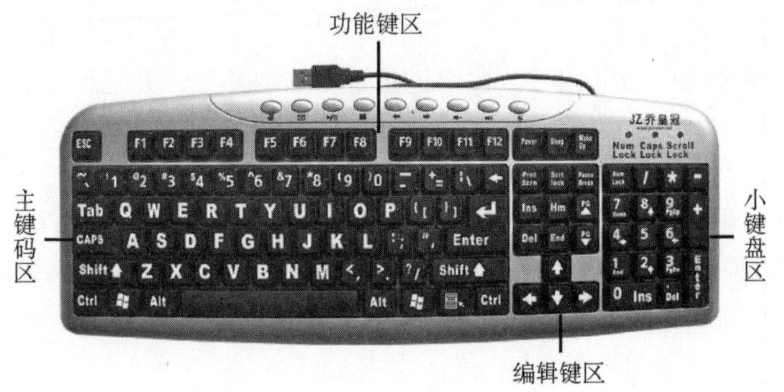

图 2－1　键盘

一、主键码区

主键码区，又称打字键区。它在键盘中占有大块的区域，可实现各种文字和控制信息的录入。它包括 26 个英文字母键、10 个数字键、常用的标点符号键、空格键及其他一些常用的功能键。

1. 数字键：键盘中主键码区有 10 个数字键，即 0～9，用于输入阿拉伯数字，有时一些汉字编码也会用到数字键。

2. 符号键：键盘中主键码区有 21 个符号键，可以输入 32 个常用符号，如“＋”，

-”等。

3. 空格键：键盘中主键码区有一个空格键，用于输入空格，有时一些汉字编码也会用到该键。

4. Shift 键：又称“上档键”，在键盘的主键码区有两个 Shift 键，使用方法相同。按下此键和字母键，输入的是大写字母；按下此键和数字键或符号键，输入的是这些键位上面的符号；例如按“Shift + A”，输入的是大写字母“A”，按“Shift + 8”，输入的是“＊”。

5. Enter 键：又称“执行键”，也称“回车键”或“换行键”。一般情况下，当用户向计算机输入命令后，计算机并不马上执行，当用户按下该键后计算机才开始执行任务，所以称为执行键。在输入信息、资料时，按此键光标就会跳到下一行开头，所以又称回车键或换行键。

6. Ctrl 键：又称控制键，在键盘的主键码区有两个，并且使用方法相同。该键需要和其他键组合使用。

7. Alt 键：又称转换键，在键盘的主键码区有两个，并且使用方法相同。该键一般也不单独使用，需要和其他键组合使用。

8. Back Space 键：又称退格键。按此键，将删除光标前的文字。

9. Caps Lock 键：又称大写锁定键。按此键后输入的字母为大写字母，该键只对字母键起作用，对符号键、数字键等不起作用。

10. Tab 键：又称跳格键。按此键，光标会向右移动一定的距离。

二、功能键区

功能键区位于键盘的最上面，一般键盘上都提供了 F1 ~ F12 共 12 个功能键，它们在不同的应用程序中具有不同的作用。

1. Esc 键：通常称为“退出键”。按此键将退出当前环境，并返回原菜单。

2. F1 ~ F12 键：功能键，在不同的软件中，这些键的功能也不相同，一般情况下 F1 为帮助。

3. Print Screen SysRq 键：按下此键可将当前屏幕的内容复制到剪贴板。

4. Scroll Lock 键：屏幕锁定键，按下此键屏幕将停止滚动。一般不用此键。

5. Pause Break 键：暂停键，用来暂停运行的程序。

三、小键盘区

小键盘区（又称数字键区）位于键盘的最右边，其大部分键和打字键区的某些键是重复的，而且功能也完全相同，使用这些数字键可以进行数学运算。

1. 数字键：0 ~ 9，用来输入数字，与主键码区的数字键功能相同。

2. 符号键：+，-，＊和／4 个键，与主键码区的符号键功能相同。

3. Enter 键：回车键，功能与键盘主键码区 Enter 键相同。

4. Num Lock 键：称为数字锁定键，按下该键，键盘中的指示灯亮后，可以输入数字；再次按下该键，指示灯熄灭，此时为光标控制状态，其功能与编辑键区相应键位的功能完全相同。

四、编辑键区

编辑键区位于主键码区和小键盘区的中间，它们主要用来完成一些基本的编辑操作。

1. Insert 键：插入键，插入字符或汉字。
2. Home 键：光标移至当前行开头。
3. Delete 键：删除键，删除光标所在位置后的字符或汉字。
4. End 键：光标移至当前行的末尾。
5. Page Up 键：光标上移一页。
6. Page Down 键：光标下移一页。
7. ↑：光标上移一格。
8. ↓：光标下移一格。
9. ←：光标左移一格。
10. →：光标右移一格。

键盘区域中各键不仅可以单独使用，而且还可以组合使用，如按“Alt + Tab”快捷键可以切换打开的各个应用程序。常用的快捷键及其功能如表 2 – 2 所示。

表 2 – 2　常用快捷键及其功能

快捷键	功　　能
Alt + F4	关闭当前窗口
Alt + Tab	选择性地切换打开的应用程序
Alt + Esc	依次切换打开的应用程序
Shift + F10	打开快捷菜单
Ctrl + C	复制
Ctrl + V	粘贴
Ctrl + X	剪切
Ctrl + Z	撤销
Ctrl + A	全选
Ctrl + O	打开文件
Ctrl + N	新建文件
Alt + Enter	查看所需项目属性
Ctrl + Home	光标移至首页行首
Ctrl + End	光标移至末页行尾
Shift + Delete	永久删除文档

任务三　指法训练

指法训练是进行计算机操作的基础，只有掌握好正确的输入方法，才可以提高工作效率。要实现较快的输入速度，必须使用规范的指法，这对初学者来说是一个非常重要的环节。

一、键盘的基准键位

所谓的基准键位就是位于主键盘第 3 排的“A”、“S”、“D”、“F””以及“J”、“K”、“L”、“;”，基准键位与手指的对应关系如图 2 – 2 所示。

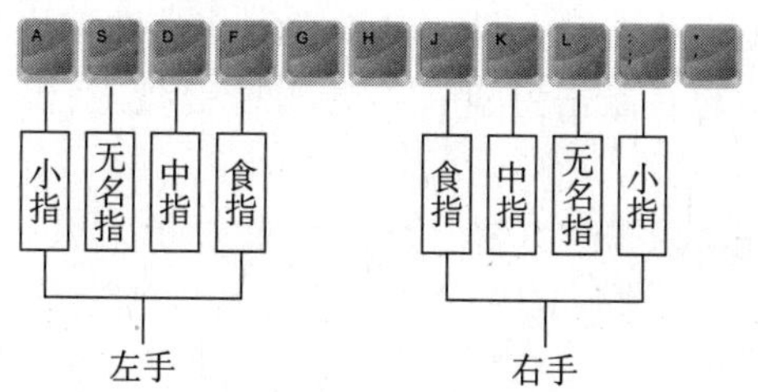

图 2 – 2　基准键位与手指的对应关系

食指除了控制 F 键和 J 键外，左手食指多控制了一个 G 键，右手食指还多控制了一个 H 键。

提示：打字时，每一个动作完成后手指应立刻回到基准键位上，用户可以利用 F 键与 J 键上凸出来的短横线为各手指定位。

二、键盘输入要点

键盘的使用并不是人们想象的那么简单，掌握好键盘的输入要点对今后的工作影响非常大。

1. 采用正确的姿势。对初学者来说，必须十分注意打字的姿势，正确的打字姿势如图 2－3 所示。

图 2－3　正确的打字姿势示意图

掌握正确的打字姿势应注意以下几点：

（1）坐姿端正，腰要挺直，肩部放松，两脚自然平放于地面。

（2）手腕平直，两肘微垂，轻轻贴于腋下，手指弯曲自然适度，轻松地放在基准键位上。

（3）稿件放在键盘左侧，视线与显示器平行，尽量不要看键盘，以免视线往返增加视觉疲劳。

（4）坐椅高低应适当。

2. 实现盲打。盲打就是在直接敲击键盘输入内容的同时，视线不能落在键盘上。打字时，每一个动作完成后手指都要回到基准键位上。

3. 采用正确的击键方法。对于初学者来说，在击键时应注意以下几点：

（1）平时各手指要放在基准键位上，打字时，各手指只负责相应的几个键。

（2）在打字过程中，一只手击键，另一只手必须在基准键位上处于预备状态。

（3）击键时，手指应抬起后敲击键盘，不要压在键盘上，击完键后手指要立刻回到基准键位上。

（4）初学打字时，应先讲求击键准确，然后再求速度。

课后作业

一、填空题

1. 从历史来看，鼠标的出现次序为__________、__________和__________。

2. 标准键盘可以划分为4个区域，分别是__________、__________、__________和__________。

二、操作题

1. 熟悉键盘上按键的分布及各键的功能。

2. 练习使用软键盘输入特殊符号。

第三章
Windows XP 入门

任务一　Windows XP 桌面图标的操作

一、课堂任务

通过学习，认识并熟练掌握 Windows XP 中图标的基本操作。

二、知识要点

1. 图标的图标说明；
2. 添加、重命名；
3. 图标的删除、复制、移动；
4. 排列图标。

三、操作步骤

（一）桌面上的图标说明

“图标”是指在桌面上排列的小图像，它包含图形、说明文字两部分，如果用户把鼠标放在图标上停留片刻，桌面上会出现对图标所表示内容的说明或者是文件存放的路径，双击图标就可以打开相应的内容。

- “我的文档”图标：它用于管理“我的文档”下的文件和文件夹，可以保存信件、报告和其他文档，它是系统默认的文档保存位置。

● “我的电脑”图标：用户通过该图标可以实现对计算机硬盘驱动器、文件夹和文件的管理，在其中用户可以访问连接到计算机的硬盘驱动器、照相机、扫描仪和其他硬件以及有关信息。

● “网上邻居”图标：该项中提供了网络上其他计算机上文件夹和文件访问以及有关信息，在双击展开的窗口中用户可以进行查看工作组中的计算机、查看网络位置及添加网络位置等工作。

● “回收站”图标：在回收站中暂时存放着用户已经删除的文件或文件夹等一些信息，当用户还没有清空回收站时，可以从中还原删除的文件或文件夹。

● “Internet Explorer”图标：用于浏览互联网上的信息，通过双击该图标可以访问网络资源。

（二）添加桌面图标

如果初次使用 Windows XP，桌面上只有一个“回收站”图标的话，要显示“我的电脑”、“我的文档”等系统提供的桌面图标，操作步骤如下：

1. 在桌面空白处单击鼠标右键，在弹出的快捷菜单中选择“属性”命令，打开“显示属性”对话框（见图 3 - 1）。

图 3 - 1　右击桌面空白区选择“属性”命令

2. 单击“桌面”选项卡，如图 3 - 2、图 3 - 3 所示，并单击“自定义桌面”按钮，打开“桌面项目”对话框。

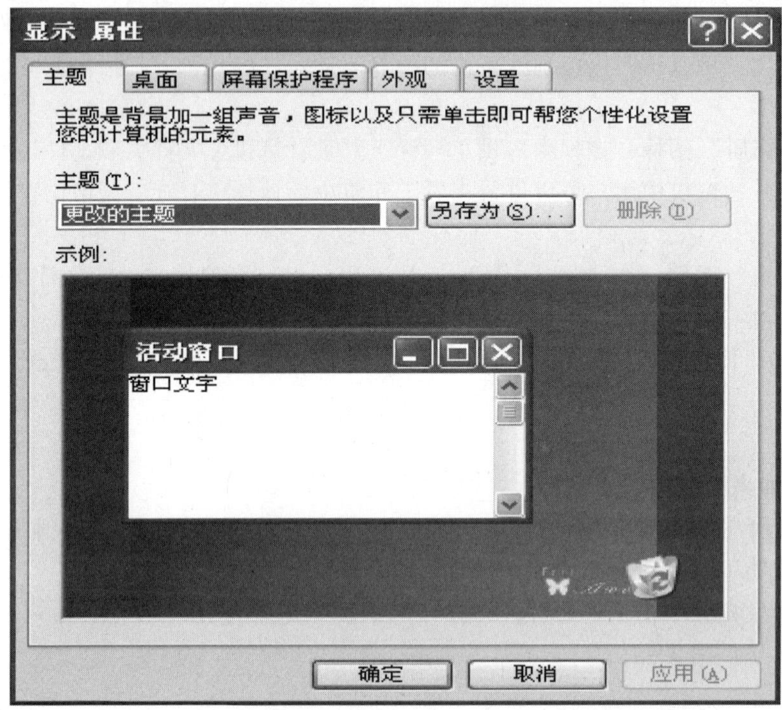

图 3－2 “显示属性”对话框

图 3－3 “显示属性”对话框

3. 在“常规”选项卡的“桌面图标”选项组中，选择要显示图标的复选框，单击“确定”，关闭对话框，如图 3－4 所示。

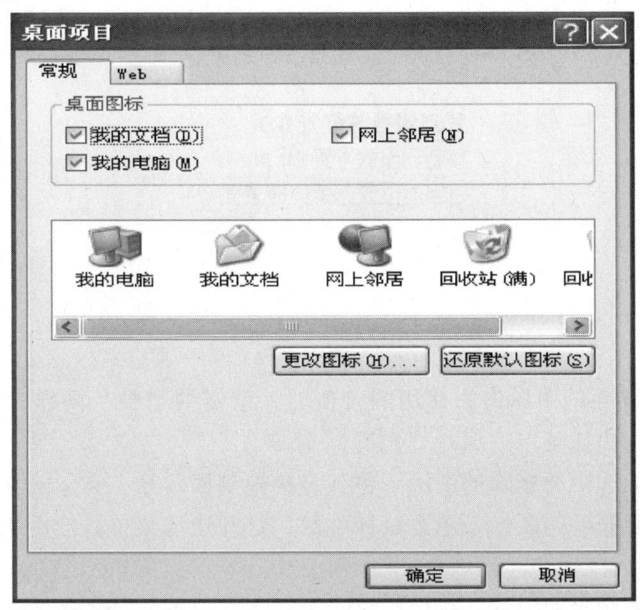

图 3－4　“桌面项目”对话框

（三）重命名图标

1. 右击对象，在弹出的快捷菜单中选择“重命名”。

2. 按下退格键，把原来的名字删除掉，如图 3－5 所示。

3. 当图标的文字说明位置呈反色显示时，用户可以输入新名称，然后在桌面上任意位置单击，即可完成对图标的重命名。

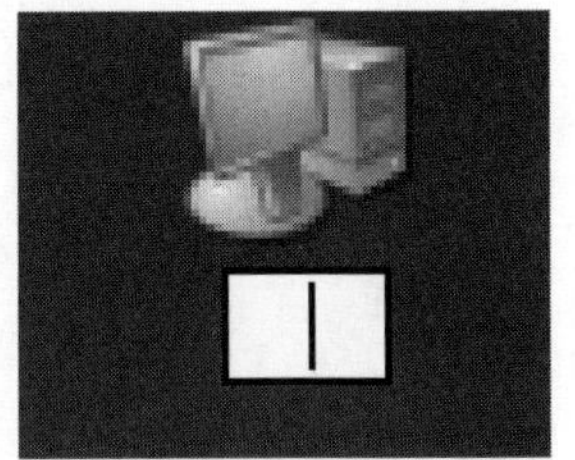

图 3－5

（四）复制、移动、删除图标

1. 复制图标。

方法一：用鼠标单击选中图标，按住“Ctrl”键，拖动选中的图标到指定的位置。

方法二：用鼠标单击选中图标，鼠标右键拖动选中的图标到指定位置，然后释放右键，在弹出的快捷菜单中选择“复制到当前位置”，图标就被复制到指定的位置了（见图 3－6）。

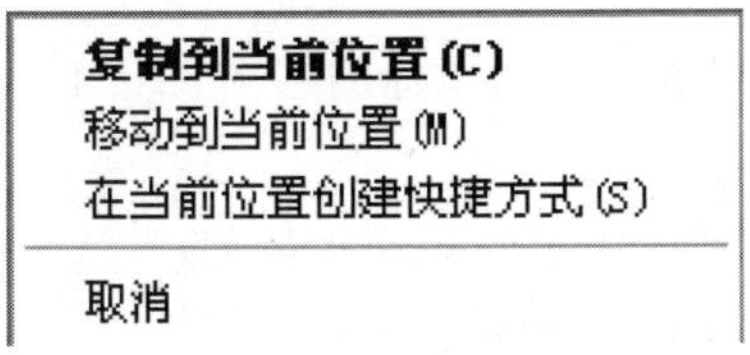

复制到当前位置(C)
移动到当前位置(M)
在当前位置创建快捷方式(S)

取消

图 3－6

2. 移动图标。移动图标到指定位置，操作方法如下：

方法一： 用鼠标单击选中图标，拖动该图标至目标位置。

方法二： 用鼠标单击选中图标，用鼠标右键拖改图标到指定位置，然后释放右键，在弹出的快捷菜单中选择“移动到当前位置”（图 3－7），图标就被移动到指定的位置了。

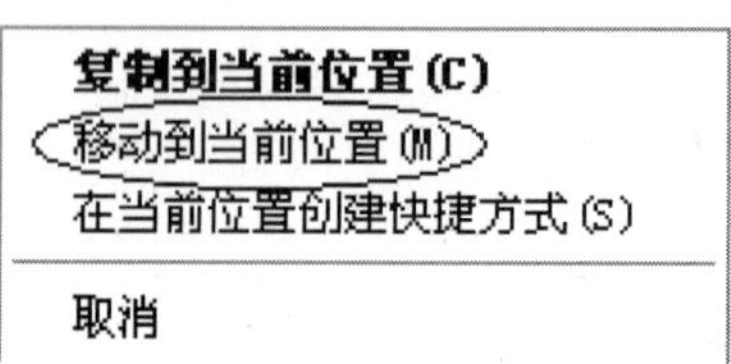

图 3－7

3. 删除图标。桌面的图标失去使用的价值时，就需要删掉。同样，在所需要删除的图标上右击，在弹出的快捷菜单中执行“删除”命令。

方法一： 用鼠标选中要删除的图标，将其直接拖到回收站。

方法二： 选中要删除的图标，单击鼠标右键，打开快捷菜单，然后从弹出的快捷菜单中选择“删除”。

方法三： 选中要删除的图标，然后在键盘上按下“Delete”键直接删除。当选择删除命令后，系统会弹出一个对话框询问用户是否确实要删除所选内容并移入回收站，用户单击“是”，删除生效；单击“否”或者是单击对话框的关闭按钮，此次操作取消。如图 3－8 所示。

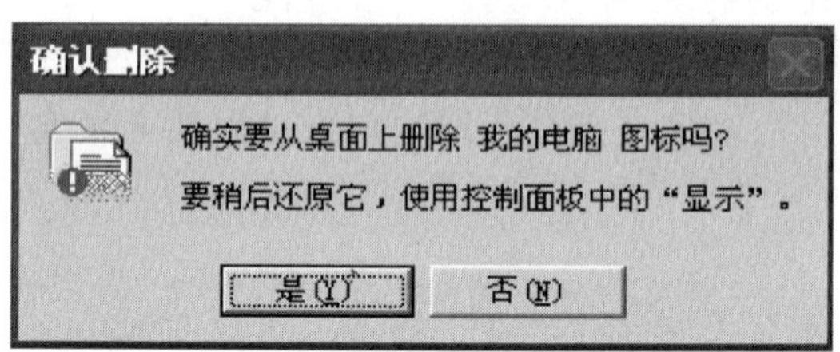

图 3－8

（五）排列图标

当用户创建了很多桌面图标以后，为了保持桌面的整齐，并且能够快速地找到某个桌面图标，可以利用 Windows XP 的管理工具组织排列这些桌面图标。

在桌面空白处单击鼠标右键，从弹出的快捷键菜单中选择“排列图标”，弹出一个下级菜单，在此菜单中会看到一系列用于排列图标的选项，其中有按照名称、大小、类型或修改时间排列等选项。

- 大小：按图标所代表文件的大小的顺序来排列。
- 类型：按图标所代表的文件的类型来排列。
- 修改时间：按图标所代表文件的最后一次修改时间来排列。

当用户选择“排列图标”子菜单其中几项后，在其旁边出现“√”标志，说明该选项被选中，再次选择这个命令后，“√”标志消失，即表明取消了此选项。

如果用户选择了“自动排列”命令，在对图标进行移动时会出现一个选定标志，这时只能在固定的位置将各图标进行位置的互换，而不能拖动图标到桌面上任意位置。

而当选择了“对齐到网格”命令后，如果调整图标的位置时，它们总是成行成列地排列，也不能移动到桌面上任意位置。

选择“在桌面上锁定 Web 项目”可以使活动的 Web 页变为静止的图画。当用户取消了“显示桌面图标”命令前的“√”标志后，桌面上将不显示任何图标。如图 3－9 所示。

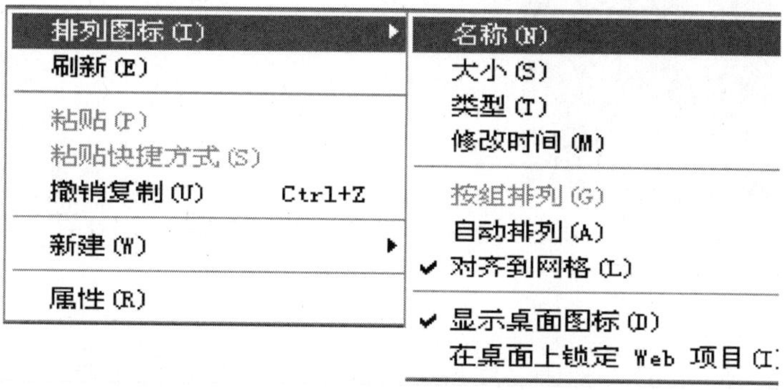

排列图标 (I)
刷新 (E)
粘贴 (P)
粘贴快捷方式 (S)
撤销复制 (U) Ctrl+Z
新建 (W)
属性 (R)

名称 (N)
大小 (S)
类型 (T)
修改时间 (M)
按组排列 (G)
自动排列 (A)
✔ 对齐到网格 (L)
✔ 显示桌面图标 (D)
在桌面上锁定 Web 项目 (I)

图 3－9

（六）清理桌面图标

第一步：在桌面上的空白处右击，打开桌面快捷菜单。如图 3－10 所示。

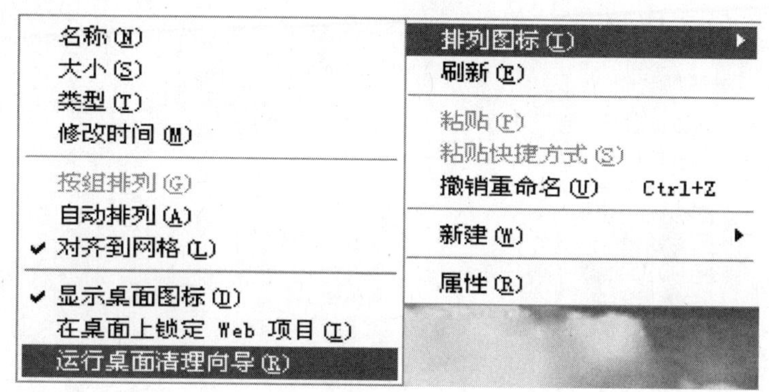

图 3－10

第二步：选择“排列图标” | “运行桌面清理向导”菜单项，打开“清理桌面向导——欢迎使用清理桌面向导”对话框，单击“下一步”按钮（见图 3－11）。

第三步：打开“快捷方式”对话框，在“快捷方式”对话框中，默认情况下，所有未使用过的图标都标有选定标志，表示将要被删除。用户以后参考对话框中系统统计的“上次使用日期”，单击项目前的复选框，选择保留或删除任一个图标，之后，单击“下一步”按钮。

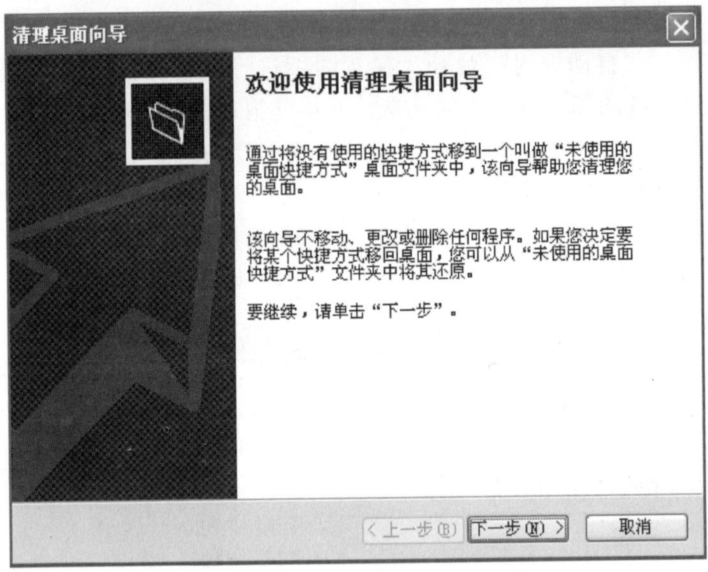

图 3－11

第四步：单击“下一步”按钮，打开对话框，单击“完成”按钮。如图 3－12 所示。

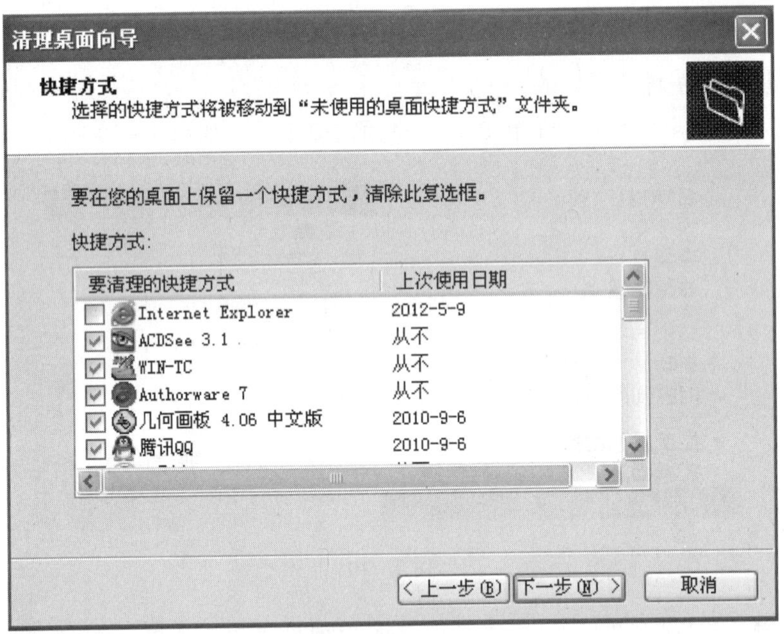

图 3－12

操作完成后，用户可在桌面上看到一个叫做“未使用的桌面快捷方式”的桌面图标，双击该图标打开“未使用的桌面快捷方式”窗口，将看到刚刚清理的桌面图标。

四、知识拓展

针对不同的用户，Windows XP 有不同的版本，常用的有家庭版和专业版。Windows XP

操作系统具有以下特点：

• 使用图形用户界面，包括图标、窗口、菜单、按钮等，程序执行窗口化。在 Windows 中启动程序和软件一般都会打开一个对应的窗口，不同的窗口特征基本相同，基本操作方法也相似。

• 多任务并行操作。在 Windows 中可以“同时”进行多个任务，例如：可以一边编辑 Word 文档一边运行播放器软件欣赏音乐。正在运行程序的最小化窗口显示在任务栏中，如图 3－13 所示。

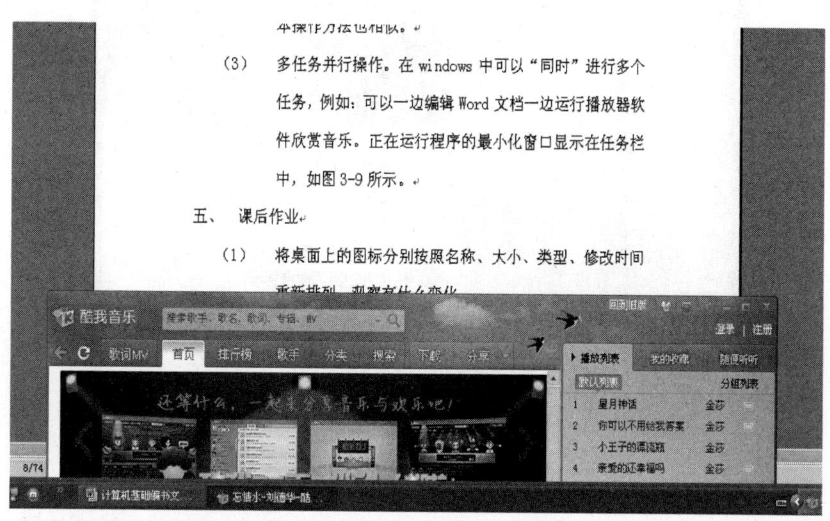

图 3－13

课后作业

1. 双击窗口的标题栏，看看窗口的大小会有怎样的变化。
2. 将“回收站”图标重命名为“recycle ”。
3. 将桌面上的图标分别按照名称、大小、类型、修改时间重新排列，观察有什么变化。

任务二 创建应用程序快捷方式

一、课堂任务

通过学习，掌握 Windows XP 中快捷方式的创建。

二、知识要点

1. 快捷方式的认识；

2. 要创建快捷方式应用程序的存放位置；
3. 快捷方式名称的认识。

三、操作步骤

第一步：鼠标指向桌面空白处，单击右键，打开快捷菜单，指向“新建”子菜单项，弹出下级菜单，如图 3-14 所示。

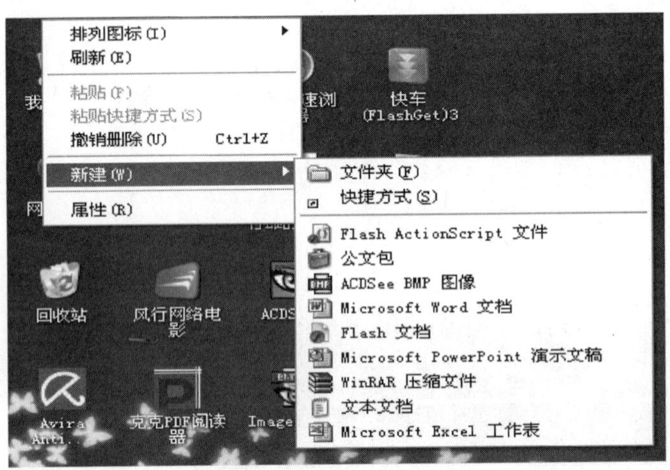

图 3-14

第二步：在弹出的下级菜单中选择“快捷方式”菜单项。打开“创建快捷方式”对话框，如图 3-15 所示。

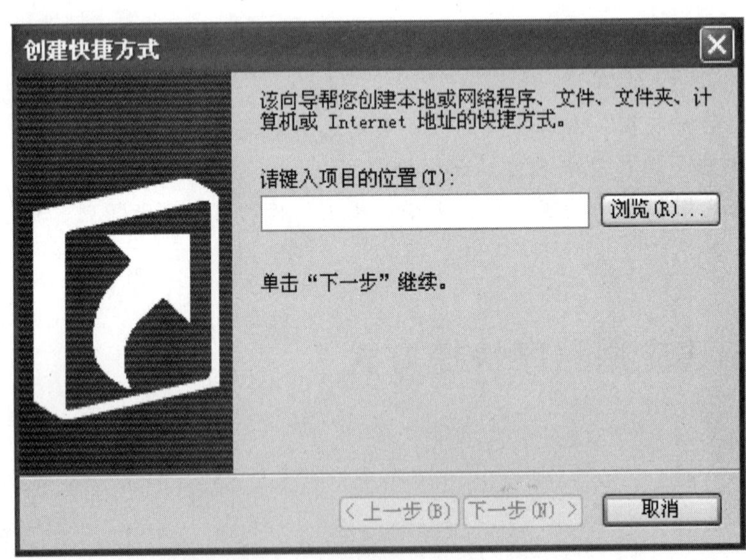

图 3-15

第三步：在“请键入项目的位置”下的文本框中输入应用程序可执行文件所在的路径，或通过单击浏览来选择应用程序可执行文件所在的路径，如为 Excel 2003 应用程序创建快捷方式，如图 3-16 所示。

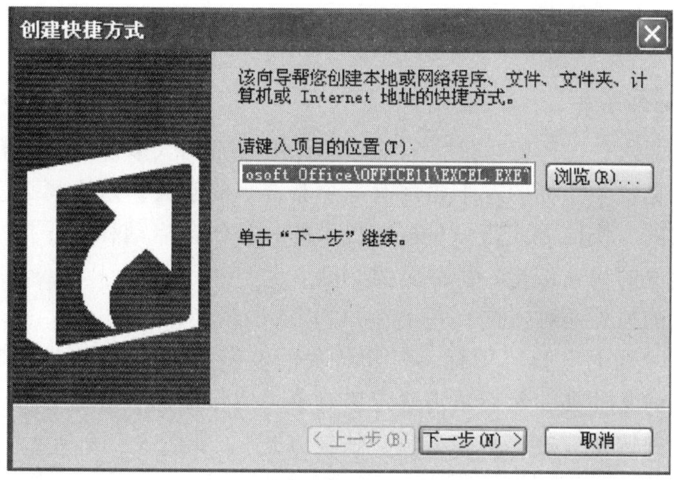

图 3-16

第四步：单击“下一步”按钮，打开“选择程序标题”对话框，在“键入该快捷方式的名称”下的文本框中输入该快捷方式的名称“Excel 2003 应用程序”，如图 3-17 所示。

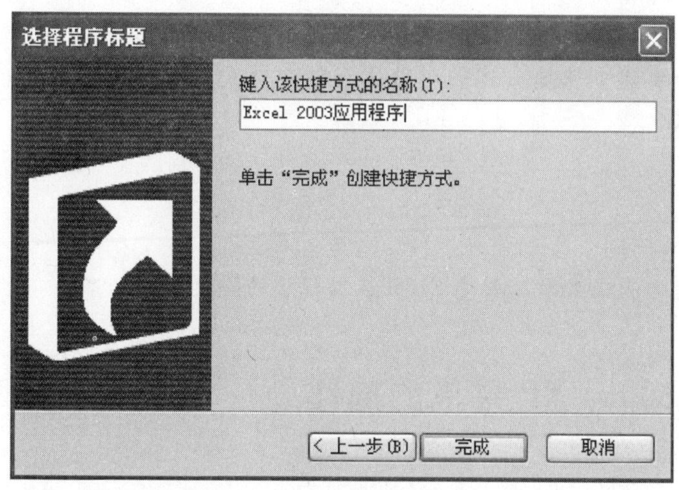

图 3-17

第五步：单击“完成”按钮，在桌面上就创建了 Excel 2003 应用程序的快捷方式，如图 3-18 所示。

图 3-18

四、知识拓展

（一）什么是快捷方式

桌面上那些五颜六色的图标可能大家非常熟悉吧？不知大家注意到没有，这些图标都有一个共同的特点，在每个图标的左下角都有一个非常小的箭头。这个箭头就是用来表明该图标是一个快捷方式的。快捷方式是 Windows 提供的一种快速启动程序、打开文件或文件夹的方法。它是应用程序的快速链接，扩展名为 . lnk。

创建快捷方式的另外两种方法：

第一种：双击“我的电脑”图标，打开“我的电脑”窗口，在该窗口中打开要建立快捷方式的对象所在的文件夹，然后单击选定该对象，按住鼠标右键拖至桌面空白处。

在弹出的菜单中选择“在当前位置创建快捷方式”，如图 3－19 所示。

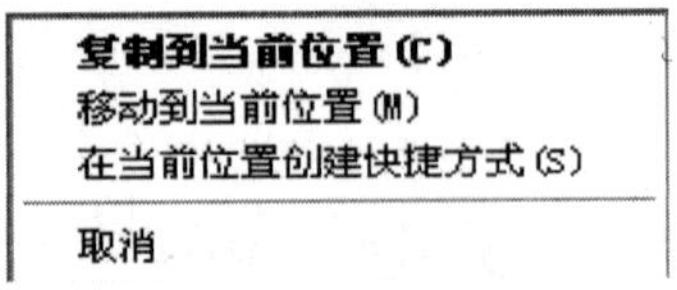

复制到当前位置(C)
移动到当前位置(M)
在当前位置创建快捷方式(S)
取消

图 3－19

第二种：打开要建立快捷方式的对象所在的文件夹，单击鼠标右键，选择“发送到”→“桌面快捷方式”。

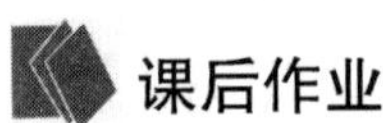

课后作业

用两种以上的方法在桌面上创建 Excel 应用程序的快捷方式。

任务三　Windows XP 菜单的操作

一、课堂任务

认识并掌握菜单的组成、菜单的说明。

二、知识要点

1. 菜单的组成；
2. 打开菜单的方法；
3. 菜单的说明。

三、操作步骤

（一）下拉菜单

Windows XP 中的菜单一般是按所能实现的功能进行分组。每一个菜单都用与实现功能相近的菜单名称来命名，所有菜单组成了一个菜单栏。单击菜单栏中的菜单项，大都会出现一个下拉菜单，如图 3－20 所示。

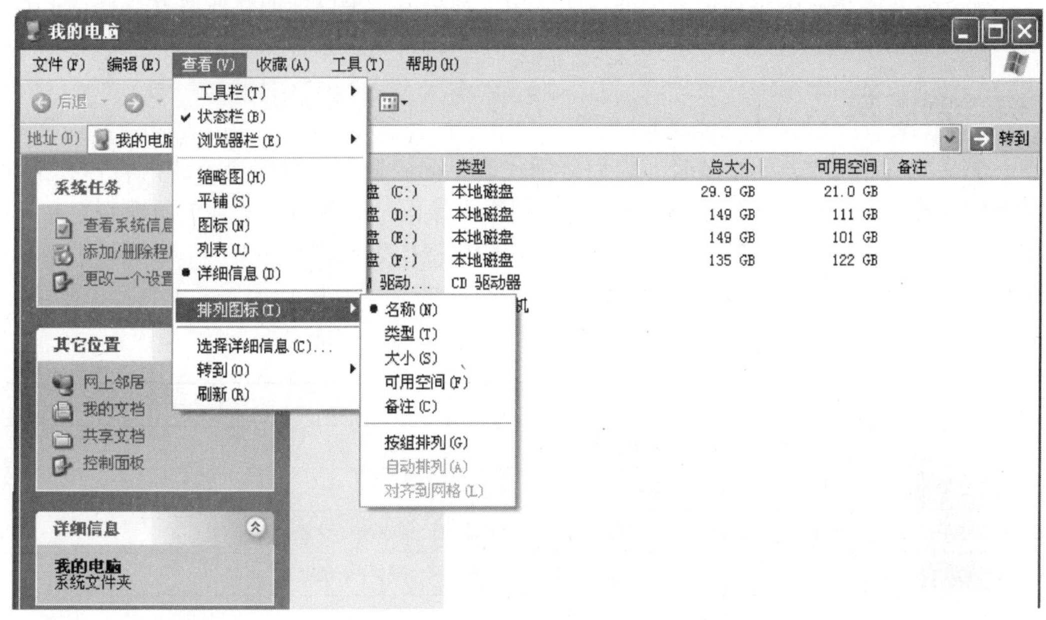

图 3－20

（二）快捷菜单

选中某个对象单击鼠标右键，弹出的菜单称为快捷菜单。快捷菜单中所包含命令与当前选择的对象有关。因此，选中不同的对象，单击鼠标右键，将弹出不同的快捷菜单。例如，鼠标指向“我的电脑”窗口中的空白区域，单击鼠标右键，屏幕上会弹出一个快捷菜单，如图 3－21 所示。

利用快捷菜单，可以迅速地选择要操作的菜单命令。

打开(O)
资源管理器(X)
添加或删除程序(W)
设备管理器(Q)
管理(G)
注册表编辑器
控制面板(C)
映射网络驱动器(N)...
断开网络驱动器(I)...
创建快捷方式(S)
删除(D)
重命名(M)
属性(R)

图 3－21

（三）打开菜单

不同类型的菜单可通过不同方式打开，见表 3－1。

表 3－1

菜单类型	鼠标操作	键盘操作
开始菜单	单击“开始”	Ctrl + Esc
窗口菜单栏上的菜单	单击菜单名	Alt + 菜单有下划线的字母
窗口控制菜单	单击标题栏最左端的窗口图标	Alt + Space
对象快捷菜单	右键单击对象，在弹出的快捷菜单中单击菜单选项	

(四) 撤销菜单

如果在打开菜单后不想选择其中的命令，用鼠标单击菜单以外的任何地方，或按 Esc 键或按 F10 可撤销菜单。

四、知识拓展

一个菜单通常包含若干个项目，它们分别代表不同的命令。尽管命令的内容各有不同，但其操作方式却有相似之处。Windows 为了方便用户操作时对不同类型菜单的识别，在一些菜单项的前面或后面加上了某些特殊标记，不同的标记代表不同的含义。下面我们来看一下菜单的各种形态，见表 3-2。

表 3-2

菜单项	说　明
黑色字符	正常的菜单项，可以选用。
灰色字符	变灰的菜单项，当前不可选用。
后面带省略号“…”	执行命令后会打开一个对话框，要求用户输入信息或改变设置。
后面带三角“▲”	级联菜单。表示有下级菜单，当鼠标指向时，会弹出一个子菜单。
分组线	菜单项之间的分隔线条，通常按功能分组。
名字前有符号“●”	表示可选项，但在分组菜单中，有且只有一个选项带有符号“●”，表示被选中。
名字前有符号“√”	选择标记。当菜单项前有此符号时，表示该命令有效，如果再一次选择，则删除该标记，命令无效。
后面带组合键	不必打开菜单，用组合键可直接执行菜单命令。

具体操作如图 3-22 至图 3-24 所示。

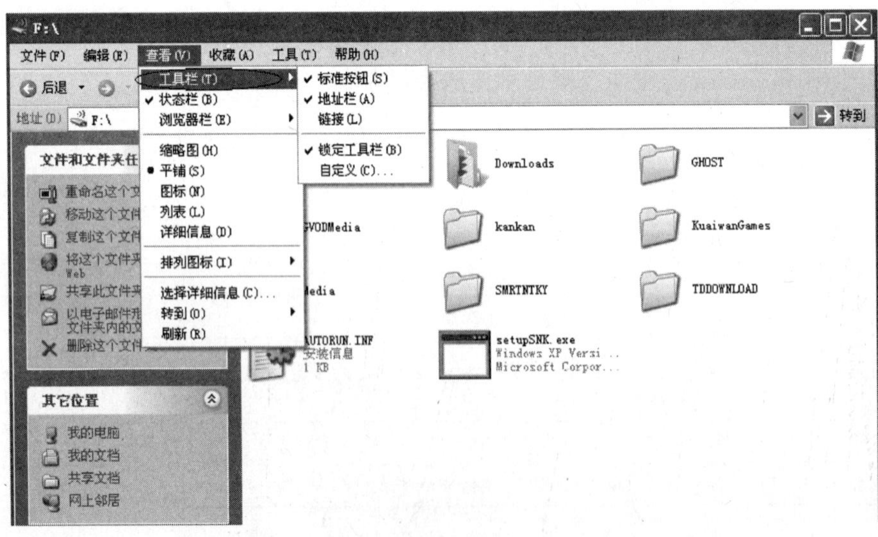

图 3-22

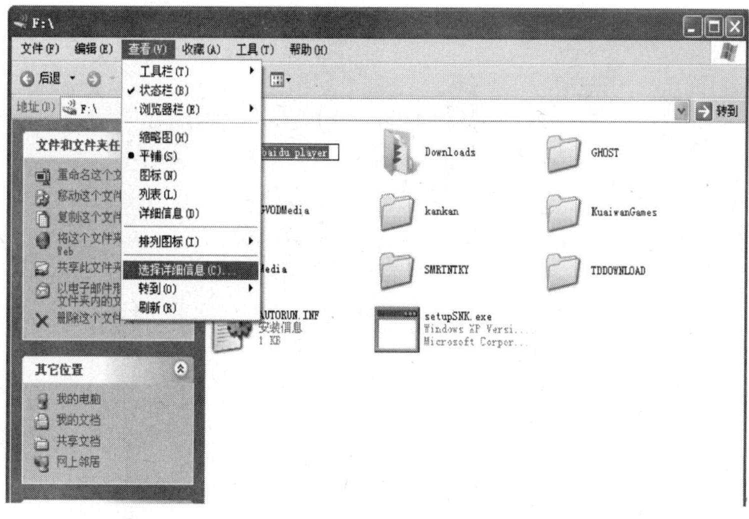

图 3－23

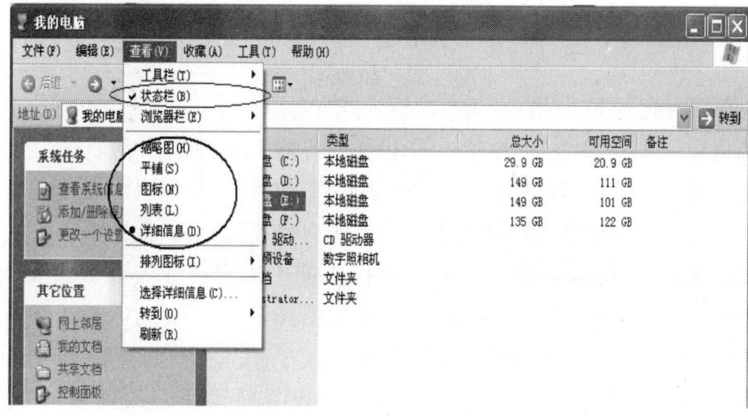

图 3－24

课后作业

1. 打开“我的电脑”窗口，认识五种不同的菜单项。
2. 在桌面上选中“我的电脑”。打开快捷菜单，查看有哪些菜单项。

任务四 Windows XP 窗口的操作

一、课堂任务

掌握窗口的基本操作。

二、知识要点

1. 打开窗口的方法；
2. 窗口的最大化、最小化的方法；
3. 改变窗口大小；
4. 关闭窗口的方法；
5. 切换窗口的方法；
6. 移动窗口的方法；
7. 排列窗口的方法；
8. 窗口内容的滚动。

三、操作步骤

（一）打开窗口

方法一：双击图标即可打开相应的窗口。

方法二：右击图标，从弹出的快捷菜单中选择“打开”命令。

（二）窗口的最大化与最小化

每个窗口都可以三种方式之一出现，即由单一图标表示的最小化形式、充满整个屏幕的最大化形式，或者是允许窗口移动并可以改变其大小和形状的恢复形式。通过使用窗口右上角的最小化按钮、最大化按钮或恢复按钮，可实现窗口在这些形式之间的切换。

1. 窗口的最大化。在窗口操作中，为了操作方便，用户往往需要最大化窗口。

方法一：鼠标左键单击窗口右上角的最大化按钮。

方法二：单击窗口左上角的控制按钮打开控制菜单，选择执行其中的“最大化”命令。

方法三：在任务栏上右击代表要最大化的窗口的图标按钮，从弹出的菜单中选择“最大化”命令。

2. 窗口的最小化。当用户暂时不想使用某个已经打开的窗口，可将其最小化，以免影响对其他窗口或者桌面的操作。要使用鼠标进行窗口的最小化操作，有如下方法：

方法一：鼠标单击该窗口右上角的最小化按钮。

方法二：鼠标单击该窗口左上角的控制按钮打开控制菜单，选择执行其中的“最小化”命令。

（三）改变窗口大小

当窗口不是最大时，可以改变窗口的宽度和高度。

1. 改变窗口的宽度：将鼠标指向窗口的左边或右边，当鼠标变成左右双箭头后，拖动鼠标到所需位置。

2. 改变窗口的高度：将鼠标指向窗口的上边或下边，当鼠标变成上下双箭头后，拖动鼠标到所需位置。

3. 同时改变窗口的宽度和高度：将鼠标指向窗口的任意一个角，当鼠标变成倾斜双箭头后，拖动鼠标到所需位置。

（四）关闭窗口

用户及时关闭应用程序窗口，可以避免不正确的操作或者意外断电给正在编辑的文件带来的影响。如果用户要使用键盘关闭窗口，只需按“Alt + F4”即可；如果要使用鼠标关闭窗口，可选择使用下列方法中的一种：

方法一：单击窗口右上角“关闭”按钮。

方法二：打开窗口控制菜单，选用“关闭”命令。

方法三：左键双击控制图标。

方法四：打开“文件”菜单，选择“退出”或“关闭”命令。

方法五：右键单击任务栏上窗口图标，选择“关闭”命令。

（五）切换窗口

Windows XP 是多任务操作系统，用户可以一边用 Word 编辑文件，一边听音乐，一边通过 QQ 与别人聊天，也就是说，可以同时运行多个应用程序，这就需要用户在不同窗口之间任意切换，有如下方法：

方法一：使用任务栏。在任务栏处单击代表应用程序的图标按钮，即可以将相应的窗口切换为当前窗口。

方法二：使用任务管理器。同时按下“Ctrl + Alt + Del”组合键，在“应用程序”选项卡的“任务”列表中单击要切换的程序，并单击“切换至”按钮，如图 3 - 25 所示。

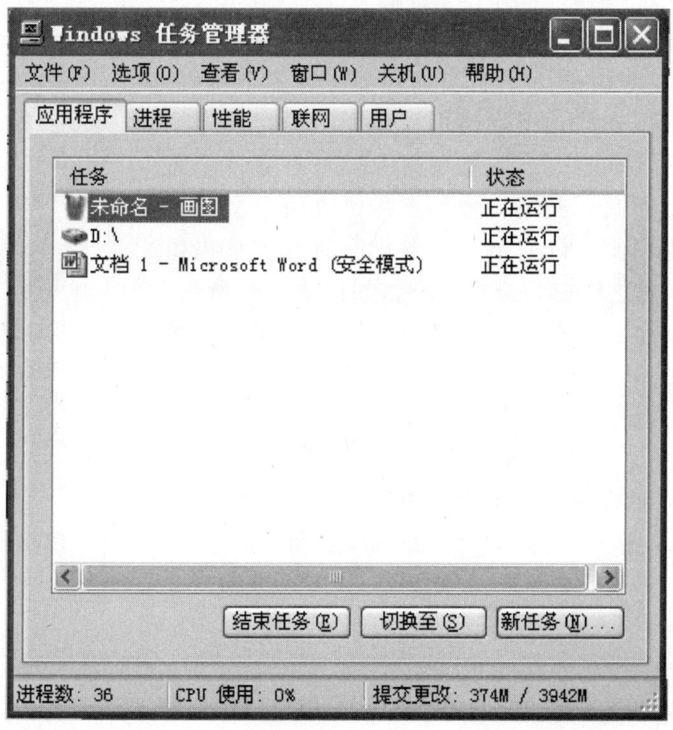

图 3 - 25

方法三：使用“Alt + Tab”组合键。可以使用“Alt + Tab”组合键切换窗口。用户同时按下“Alt”和“Tab”键，然后松开“Tab”键后，屏幕上会出现任务切换栏。在此栏中，系统当前正在打开的程序都以相应图标的形式平行排列出来，文本框中的文字显示的是当前启用程序的简短说明。在任务切换栏中按住“Alt”键不放的同时，按一下“ Tab”键再松开，则当前选定程序的下一个程序将被启用，再松“Alt”键就切换到当前选定的窗口中了。

也可以使用“Alt + Esc”组合键。先按下“Alt”键，再按“Esc”键，系统就会按照窗口图标在任务栏上的排列切换窗口。不过，使用这种方法，用户只能切换非最小化的窗口，对于最小化窗口，它只能被激活，不能被放大。

（六）移动窗口

1. 使用鼠标移动窗口。拖动窗口要在非最大化窗口情况下进行，单击窗口的标题，拖动鼠标至目标处释放鼠标，即可将窗口移动至新的位置。

2. 使用键盘移动窗口。

- 按照前面的方法选中要移动的窗口。
- 同时按“Alt + 空格”键，打开窗口的控制菜单。
- 按下键盘上的“M”键，在当前应用程序窗口的标题栏上出现双向箭头，如图 3 – 24 所示。
- 按下方向盘，将该窗口移动到指定位置。
- 按回车键，对移动的结果进行确认。

（七）排列窗口

在计算机的使用过程中，用户经常需要打开多个窗口，在对不同窗口进行操作时，可以通过前面介绍的切换方法来切换窗口。但是，有时用户需要在同一时刻打开多个窗口并使它们全部处于显示状态。例如，在比较两个文档中反映的数字时，用户便可以使用“任务栏”属性菜单提供的排列窗口命令，对这些窗口进行排列，如图 3 – 26 所示。排列的方式包括三种：层叠窗口、横向平铺窗口和纵向平铺窗口。

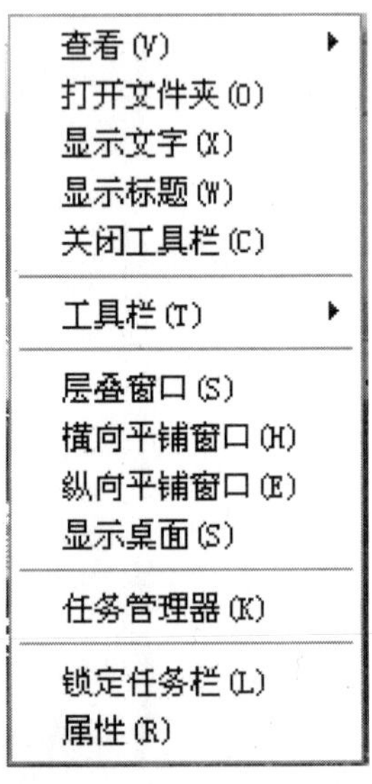

图 3 – 26

1. 层叠窗口。将所有要层叠的窗口还原。

鼠标指向“任务栏”空白处，单击鼠标右键，在弹出的快捷菜单中选择“层叠窗口”命令，系统会立刻把所有打开的窗口（最小化的窗口除外）层叠起来，如图 3 – 27 所示。

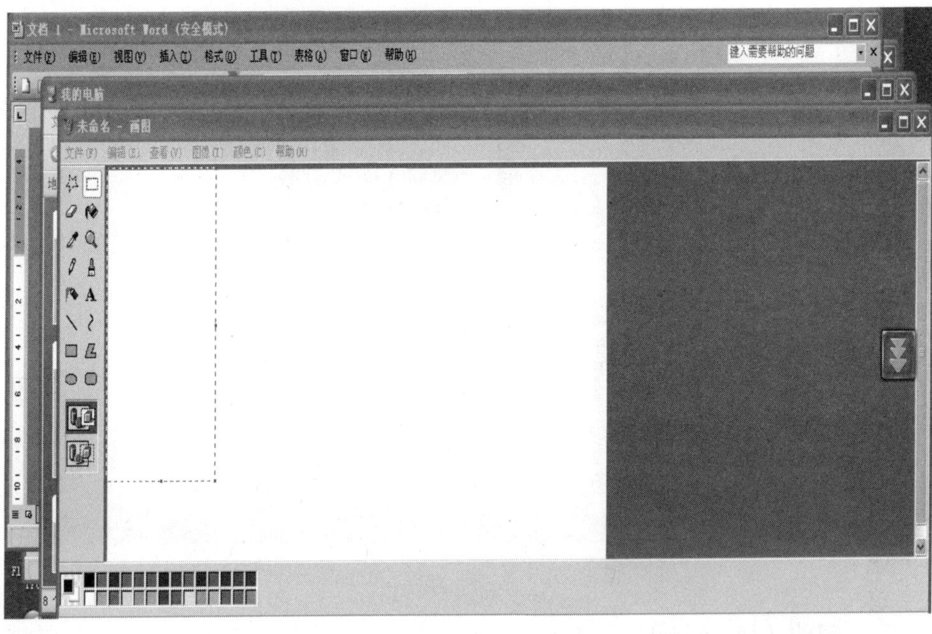

图 3－27

2. 横向/纵向平铺窗口。将所有要层叠的窗口还原。

鼠标指向“任务栏”空白处，单击鼠标右键，在弹出的快捷菜单中选择“横向平铺窗口”命令或者“纵向平铺窗口”命令“层叠窗口”命令，即可实现相应的排列，图 3－28 为横向平铺窗口，图 3－29 为纵向平铺窗口。

图 3－28

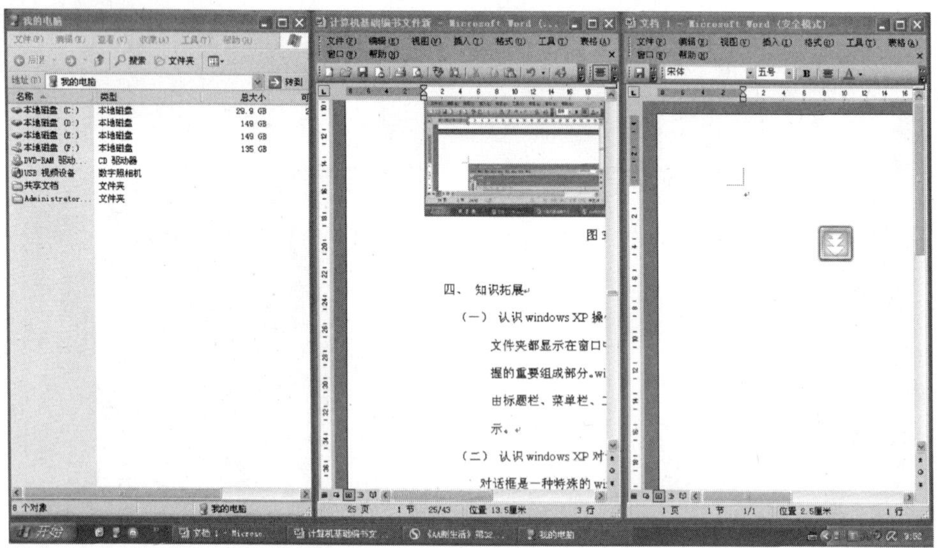

图 3－29

3. 窗口之间的切换。Windows XP 允许同时运行多个程序，但只能有一个程序可以处于当前运行状态，而其他运行着的程序都在后台工作。处于前台运行的窗口称为“当前窗口”，或称为“活动窗口”。活动窗口处于桌面的最前面，其标题栏通常显示为蓝色，可遮盖其他窗口或桌面内容。将正在后台工作的某一个应用程序切换到前台，这种操作叫“窗口切换”。

方法一：用 Alt + Tab 组合键：在键盘上按下 Alt 键，屏幕上会出现“切换任务栏”，其中列出了当前正在运行的窗口，按住 Alt 键不放，再按 Tab 键从“切换任务栏”中选择要打开的窗口，选中后释放 2 个键。

方法二：用 Alt + Esc 组合键：先按下 Alt 键，然后再通过按 Esc 键选择所需打开的窗口，但是它只能改变激活窗口的顺序，而不能使最小化窗口放大，所以多用于切换已最大化的多个窗口。

（八）窗口内容的滚动

当窗口中的内容较多，而窗口太小不能同时显示它的所有内容时，窗口的右边会出现一个垂直的滚动条，或者在窗口的下边会出现一个水平的滚动条。滚动条外有滚动框，两端有滚动箭头按钮。通过移动滚动条，可在不改变窗口大小和位置的情况下，在窗口框中移动显示其中的内容。

滚动操作有以下三种方法：

方法一：小步滚动窗口内容：单击滚动箭头，可以实现一小步滚动。

方法二：大步滚动窗口内容：单击滚动箭头和滚动框之间的区域，可以实现一大步滚动。

方法三：滚动窗口内容到指定位置：拖动滚动条到指定位置，可以实现随机滚动。

（九）图标与窗口的关系

用鼠标双击桌面上的图标，图标可扩大成窗口，称为“打开窗口”。若该图标是应用程序图标，则打开窗口也即启动该应用程序。

窗口经最小化后即缩小为图标，并成为任务栏中的一个按钮。如果窗口代表一个应用程序，则最小化操作并不终止应用程序的执行，只有关闭操作才终止应用程序的执行。

四、知识拓展

WindowsXP 是一个图形界面的操作系统，它的图形主要由两种类型组成，一种是窗口，另一种是对话框。

（一）认识 Windows XP 窗口

Windows XP 操作系统中，所打开的每一个程序或文件夹都显示在窗口中，因此窗口的操作是用户必须掌握的重要组成部分。一个窗口通常由以下几部分组成：

- 边框：窗口一般以矩形框为边框，当鼠标指向边框时，鼠标指针就变成双向箭头，拖动鼠标可以改变边框的大小。
- 标题栏：窗口最上面的一行是标题栏。标题栏的左边是一个控制图标，代表这个窗口，单击它会显示一个控制菜单，双击它则会关闭该窗口。标题栏的右边是三个按钮：“最小化”、“最大化/还原” 和 “关闭” 按钮。如果窗口已经是最大，则 “最大化” 按钮变成 “还原” 按钮。
- 菜单栏：该栏含有该窗口的全部操作命令。单击菜单栏的某一项，可以调出它的子菜单，有选择地执行相应的菜单命令。单击某个子菜单，使其成高亮度显示，标志选中；取消菜单选择，只需单击菜单栏外任一点即可。
- 工具栏：由若干工具按钮组成。工具按钮是常用菜单命令的图形表示，使操作更方便、快捷。
- 滚动条：滚动条用于鼠标选择，当要显示的内容太长或太宽时，可用滚动条进行滚动查看。
- 窗口工作区：应用程序或文档显示的矩形区域称作窗口工作区。
- 状态栏：用以显示窗口的当前状态，主要包括所选对象个数、可用空间的大小、光标位置等信息。如图 3－30 所示。

（二）认识 Windows XP 对话框

Windows XP 使用对话框来和用户进行信息交流。对话框是一种特殊形式的窗口，与一般窗口相同的是，有标题栏、可以在桌面上任意移动位置等。不同的是，对话框的大小是不能改变的。

由于不同的操作需要用户提供不同的信息，故对话框的形式可能是不同的。图 3－31 是一个典型的对话框。组成对话框的元素除标题栏外，还包含有下列部分：

1. 文本框：用于文本信息的输入。用鼠标单击文本框时，文本框内将会显示 “|” 形光标（也称为插入点），在插入点处输入内容，可以使用 Backspace、Delete 和方向键等进行

图 3－30

编辑。有些文本框右侧有一个向下箭头，用户既可以在文本框中直接输入文本，也可以单击向下箭头从下拉列表中选择。

2. 列表框：列出可选用的列表，由用户选择其中一项。当选项较多时，会在右边出现滚动条，可以通过滚动条查看列表，然后用鼠标单击需要的选项。

3. 下拉列表框：单击下拉列表框右侧的向下箭头，可以打开列表供用户选择。

4. 数值框：用户既可以直接在框中输入数值，也可以单击数值框右边的增减箭头来改变数值的大小。

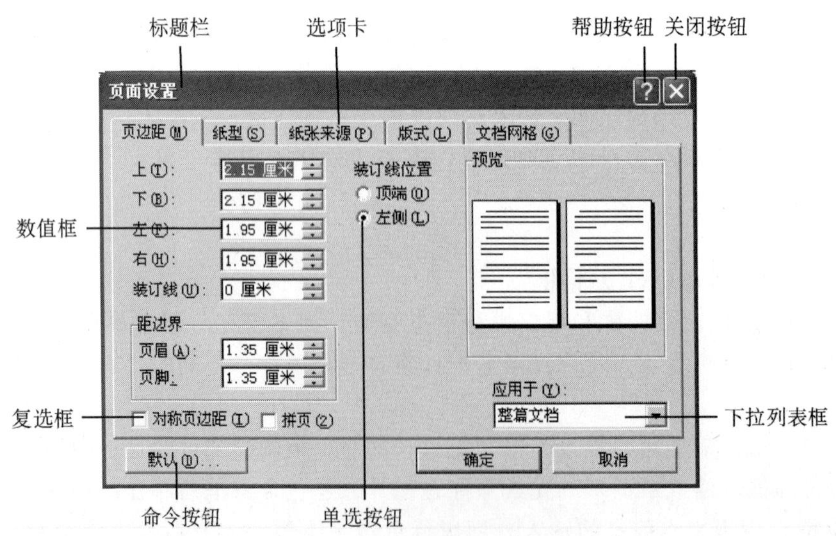

图 3－31 “对话框”的组成

5. 复选框：复选框为方形小框，用来选中或者取消多个独立的选项。对话框中的复选框可能有一个，也可能有多个。复选框可以同时选择多项或全部不选。用鼠标单击复选框，就可以选中或取消该项的功能。复选框中间有一“√”时，表示该选项当前有效。

6. 单选按钮：单选按钮是一组圆形按钮。在一组单选按钮中，用户只能选择其中一种方式，但必须选择一种方式。选择时只要在某一单选按钮上单击，被选中的按钮中间会有一圆点。

7. 命令按钮：命令按钮是带有命令名的矩形按钮，如“确定”、“关闭”、“应用”等。在命令按钮上单击鼠标，就可以执行该命令。当执行命令名后带有“...”的按钮命令时，将会弹出另一个对话框。

课后作业

1. 设置单击应用程序图标即可打开应用程序。
2. 通过键盘移动窗口。
3. 将多窗口的排列方式设置成横向平铺方式。

第四章
Windows XP 桌面的美化

一个美丽的桌面不仅可以体现用户的审美观，而且能给人一种美的感受。同时，美化后的桌面能让用户操作起来更方便、更舒服，可以提高工作效率。Windows XP 系统允许用户把自己喜欢的图片作为背景放置在桌面上，使桌面更加美观、更具个性。

本章介绍如何美化 Windows XP 桌面。

任务一　将喜欢的图片设为 Windows XP 桌面背景

一、课堂任务

通过设置“显示属性”对话框中的“显示”、“背景”选项卡中的相应选项，将喜欢的图片设为 Windows XP 桌面背景。

二、知识要点

1. 主题的认识；
2. 背景图片的存放位置；
3. 背景图片的显示位置。

三、操作步骤

（一）设置桌面的主题

很多用户不太喜欢 Windows XP 默认风格的操作界面，希望拥有自己喜欢的操作界面。

Windows XP 提供了很多漂亮的桌面主题，用户可以从中选择一个，操作风格马上就会改变，操作步骤如下：

1. 右击“桌面”空白处，从弹出的快捷菜单中选择“属性”命令，打开“显示属性”对话框，如图 4－1 所示。Windows XP 界面设置主要分主题、桌面、屏幕保护程序、外观和设置五个选项卡，可以根据自己的喜好来设置。

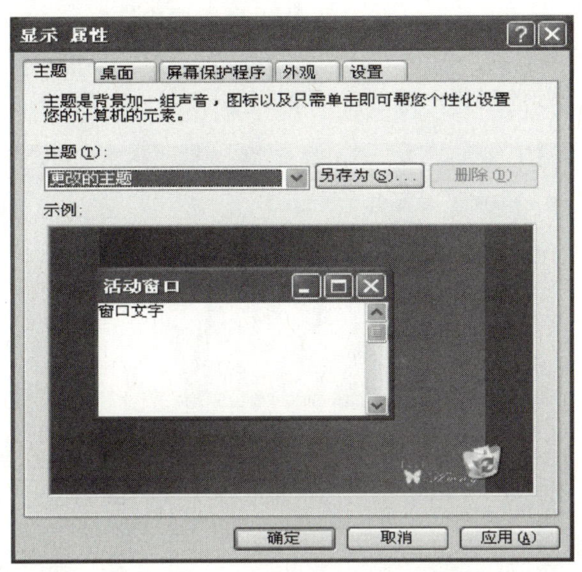

图 4－1

2. 选择“主题”选项卡，可以选择自己喜欢的桌面主题。例如，在“主题”下拉列表框中选择“Windows XP”主题，单击“确定”按钮，Windows XP 中的主题将用于定制计算机的桌面、壁纸和鼠标指针。每改变一个桌面主题，则对应的桌面、图标和声音都随之改变，如图 4－2 所示。

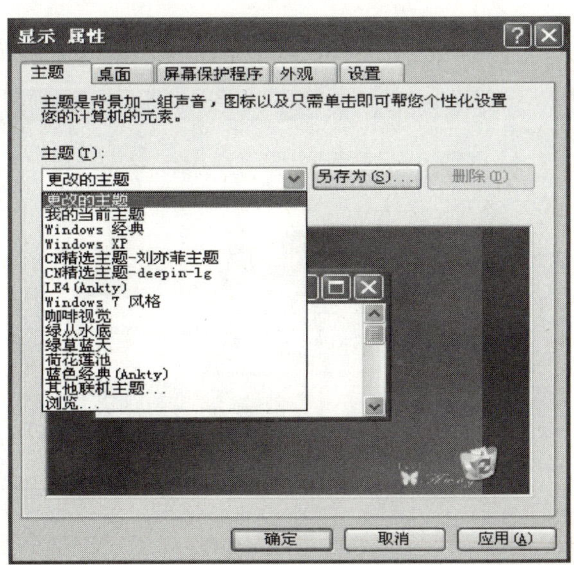

图 4－2

（二）设置桌面的背景

1. 选择系统提供的图片作为桌面背景。Windows XP 提供了很多漂亮的桌面背景，用户可以从中选择一个，桌面马上就会换一幅新面孔。

在“显示属性”对话框中单击“桌面”标签，打开如图 4－3 所示的“桌面”选项卡。若想使用系统提供的背景图片，直接在“背景”列表框中选择一个背景文件的名字，其效果可以在显示器中得到预览。

2. 选择一幅自己喜欢的图片作为桌面背景。进入图 4－3 所示的“桌面”选项卡。

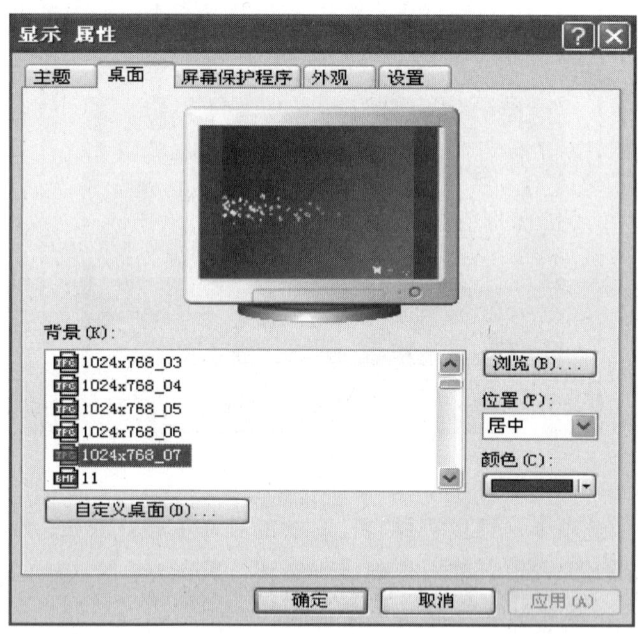

图 4－3

3. 单击其中的“浏览”按钮，打开如图 4－4 所示的“浏览”对话框。

图 4－4

4. 选择要作为背景的图片，然后单击“打开”按钮，返回“桌面”选项卡。

5. 在“显示属性”对话框中，选择“桌面”选项卡。该选项卡主要对桌面背景进行设置，用户可以根据需要选择自己喜欢的图片作为桌面背景。如果选择的图片没有桌面大，可以从“桌面”选项组中的“位置”下拉列表中选择居中、平铺和拉伸三种调整方式进行调整。“居中”表示在桌面的中央显示一幅图片并保持它的原始大小，如图 4－5 所示。

图 4－5

“平铺”表示将这幅图片一张一张拼接起来平铺在桌面上，如图 4－6 所示。

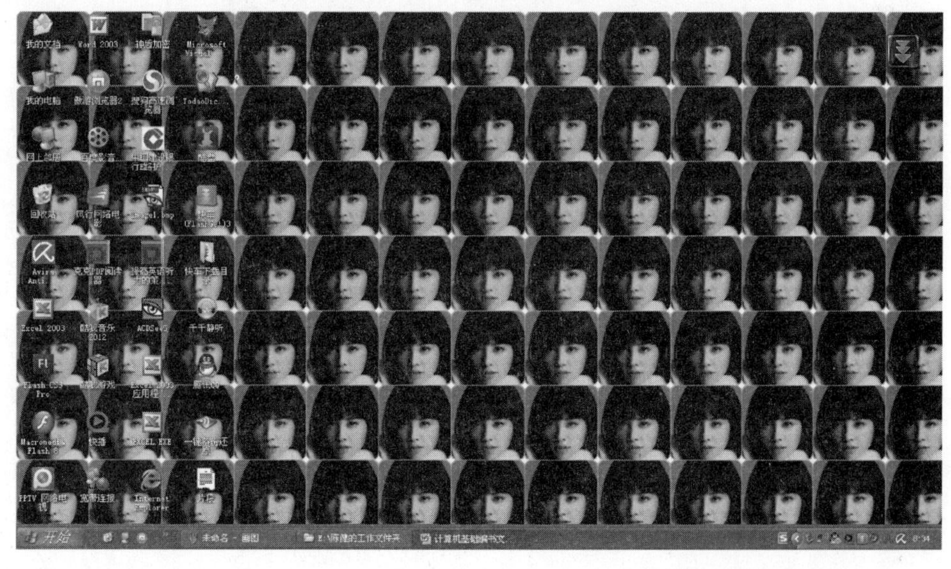

图 4－6

“拉伸”表示在桌面上显示一幅图片并将它拉伸成与桌面尺寸一样大小，如图 4－7 所示。

图 4－7

6. 选择“外观”选项卡，在该选项卡中，可以从橄榄绿、默认（蓝）和银色这三种色彩方案中选择一种来修改窗口和按钮的颜色，也可以根据实际的分辨率改变窗口和按钮字体的大小，让窗口看起来更加美观，如图 4－8 所示。

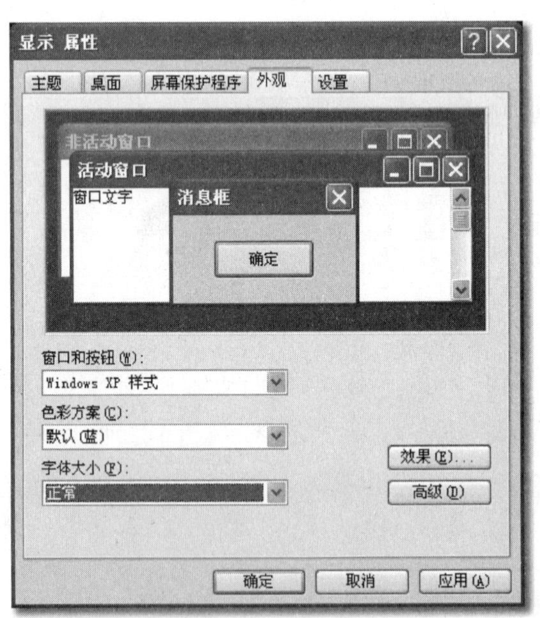

图 4－8

7. 最后单击“应用”按钮，就设置好了所喜欢的桌面背景。

四、知识拓展

在 Windows 操作系统中，“主题”一词特指 Windows 的视觉外观。电脑主题可以包含风格、桌面壁纸、屏保、鼠标指针、系统声音事件、图标等，除了风格是必须的之外，其他部分都是可选的，风格可以定义的内容是大家在 Windows 里所能看到的一切。例如窗口的外观、字体、颜色按钮的外观等等。一个电脑主题里风格就决定了大家所看到的 Windows 的样子。

课后作业

1. 设置桌面主题为 Windows XP 经典。

2. 选择一幅个人喜欢的图片作为桌面背景，并分别设置显示位置为居中、平铺和拉伸，观察不同的效果。

3. 选择一幅个人喜欢的图片作为桌面背景，设置背景色，并观察什么情况下设置背景色可以看到效果。

任务二　设置个性化的屏保

屏幕保护程序的作用是当用户在短时间内暂不使用计算机的情况下，屏蔽计算机的桌面，以防止用户的资料被他人看到。用户需要重新使用计算机时，只要移动鼠标或者按键盘任意键便可恢复桌面显示（如果用户设置了屏幕保护程序的密码，则需输入密码后才能取消屏幕保护）。

一、课堂任务

将自己喜欢的图片设置为屏保。用户还可以将自己所拍的数码照片或搜集的图片设置为屏保，设置屏保后可保护显示器不受损害，延长寿命。

通过设置“显示属性”对话框中的“屏幕保护程序”选项卡中的相应选项，设置屏幕保护程序。

二、知识要点

1. 如何设置屏幕保护程序；
2. 屏幕保护程序的启动和撤销；
3. 屏幕图片的存放位置。

三、操作步骤

（一）设置系统提供的屏幕保护程序

1. 在“显示属性”对话框中单击“屏幕保护程序”标签，打开如图 4－9 所示的“屏幕保护程序”选项卡。

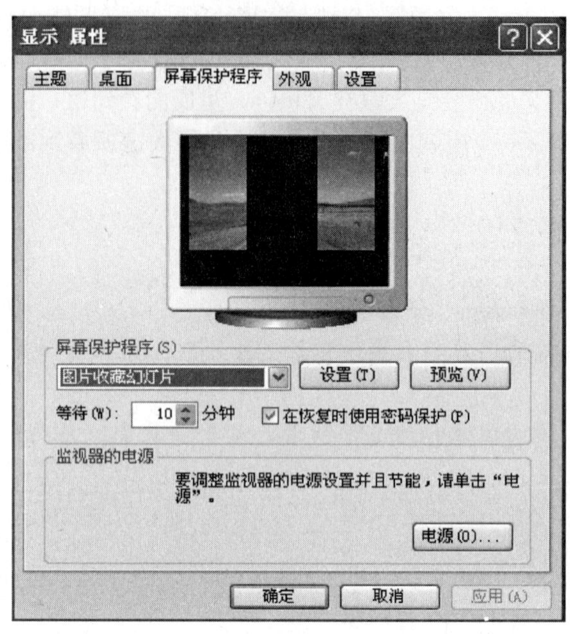

图 4－9

2. 点击“设置”按钮，打开“屏幕保护程序”设置对话框，不同的屏幕保护程序有不同的设置对话框。用户可以根据实际情况和个人喜好进行相应的设置。

3. 在“屏幕保护程序”下拉列表框中选择一个屏幕保护程序，在预览窗口可以观察其效果。单击“预览”按钮可以全屏观察效果。

4. 在“等待”数值选择框中，单击向上向下箭头改变等待时间。等待时间是指用户在多长时间没有进行键盘和鼠标操作后，系统自己运行频幕保护程序。

5. 如果用户选择了“在恢复时使用密码保护”，则在屏幕保护程序运行时，如果有键盘或鼠标输入，按照提示输入当前用户登陆密码即可解除锁定，回到原来的工作窗口。

（二）设置自己喜欢的图片为屏幕保护程序

1. 在硬盘上创建一个文件夹，取名为“自定义屏幕保护图片”，把要用作屏幕保护的图片复制到该文件夹中。

2. 在“显示属性”对话框中单击“屏幕保护程序”标签，打开“屏幕保护程序”选项卡。

3. 在“屏幕保护程序”下拉列表框中选择“图片收藏幻灯片”选项，如图 4－10 所示。

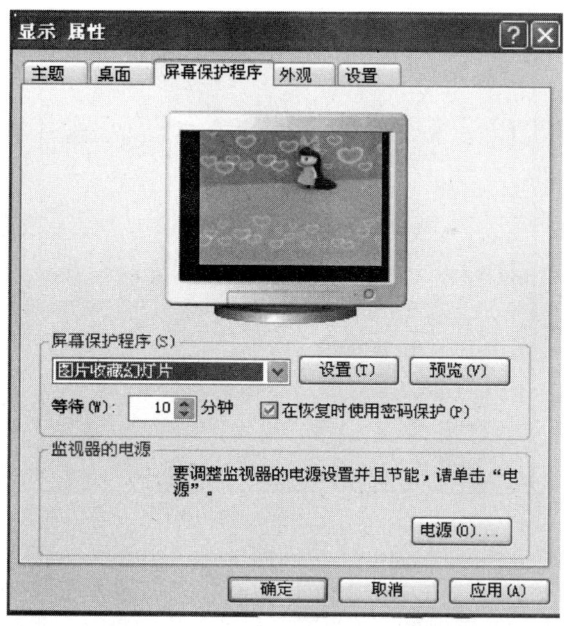

图 4 - 10

4. 单击“设置”按钮，将弹出如图 4 - 11 所示的对话框。

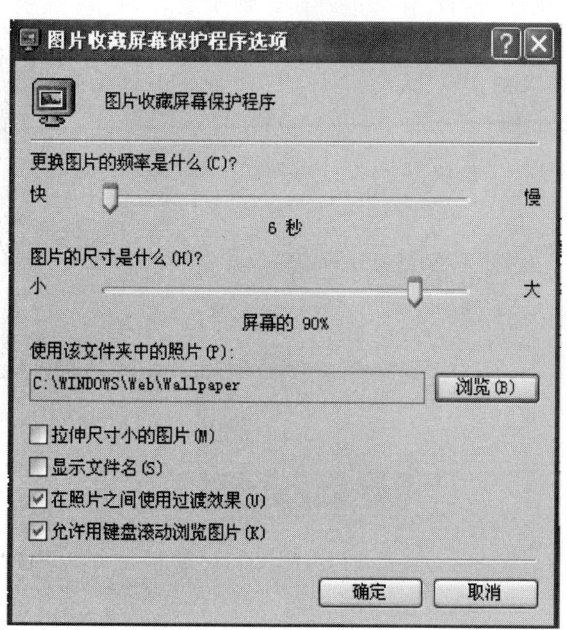

图 4 - 11

5. 单击“使用文件夹中的照片”文本框后面的“浏览”按钮，将弹出如图 4 - 12 所示的对话框。

图 4-12

6. 在上述对话框中选择“自定义屏幕保护图片”文件夹，然后单击“确定”按钮。

7. 在如图 4-11 所示的对话框中，用户可以作进一步的设置，如图片的更换频率和尺寸、是否拉伸尺寸小的图片等方面。完成后单击“确定”按钮，返回“屏幕保护程序”选项卡。

8. 单击“预览”按钮，可以看到这个屏幕保护程序的全屏幕效果。如果觉得满意，单击“应用”按钮，即可将这些图片作为屏幕保护程序了。

（三）屏幕保护程序的取消

1. 在“显示属性”对话框中单击“屏幕保护程序”标签，打开“屏幕保护程序”选项卡。

2. 在“屏幕保护程序”下拉列表框中选择“图片收藏幻灯片”选项下拉框中选择“无”，如图 4-13 所示。

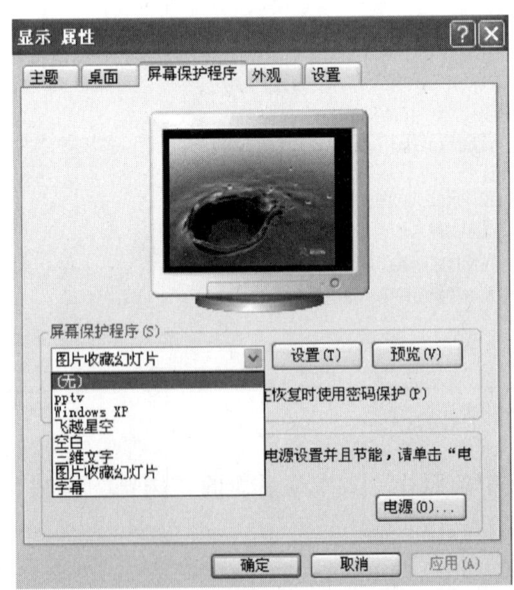

图 4-13

3. 单击“确定”按钮即可取消屏幕保护程序。

四、知识拓展

屏幕保护是为了保护显示器而设计的一种专门的程序。当时设计的初衷是为了防止电脑因无人操作而使显示器长时间显示同一个画面，导致老化而缩短显示器寿命。另外，虽然屏幕保护并不是专门为省电而设计的，但一般 Windows 下的屏幕保护程序都比较暗，大幅度降低屏幕亮度，有一定的省电作用。现行显示器分为两种——CRT 显示器和 LCD 显示器，屏幕保护程序对两种显示器有不同影响。

屏幕保护的作用主要有三个：

1. 保护显像管。由于长时间静止的 Windows 画面会让 CRT 显示器的电子束持续轰击屏幕的某一处，这样可能会造成对 CRT 显示器荧光粉的伤害，所以使用屏幕保护程序会阻止电子束过多地停留在一处，从而延长显示器的使用寿命。

2. 保护个人隐私。若是你暂时离开电脑，为了防范别人偷窥你存放在电脑上的一些隐私，可以在屏幕保护设置中，勾选“在恢复时使用密码保护”复选框，然后单击“电源”按钮，在“电源选项属性”对话框中选择“高级”选项卡，并勾选“在计算机从待机状态恢复时，提示输入密码”复选框即可。这样，当别人想用你的电脑时，会弹出密码输入框，密码不对的话，无法进入桌面，从而保护个人隐私。

3. 省电。虽然屏幕保护并不是专门为省电而设计的，但一般 Windows 下的屏幕保护程序都比较暗，大幅度降低屏幕亮度，有一定的省电作用。

以上只是针对台式的 CRT 显示器而言，但对于笔记本电脑和液晶显示器来说，最好不要用屏幕保护，会适得其反！

课后作业

1. 选择一幅个人喜爱的图片作为屏幕保护程序。
2. 在屏幕保护中设置密码。

任务三　设置桌面颜色和外观

首次启动 Windows XP 时，用户所看到的窗口、对话框等项目的外观使用的是系统默认的“Windows XP 样式”，该样式中包含了已定义好的颜色和字体方案。另外，Windows XP 允许用户选择其他的颜色和字体搭配方案，并允许用户根据自己的喜好设计所有项目的外观方案。

一、课堂任务

通过设置“显示属性”对话框中的“外观”选项卡中的相应选项，自定义 Windows XP 的外观。

二、知识要点

1. 窗口和按钮外观的设置；
2. 色彩方案的设置。

三、操作步骤

(一) Windows XP 外观的设置

1. 右击桌面，从弹出的快捷菜单中选择“属性”命令，打开“显示属性”对话框，单击“外观”标签，打开“外观”选项卡，如图 4－14 所示。

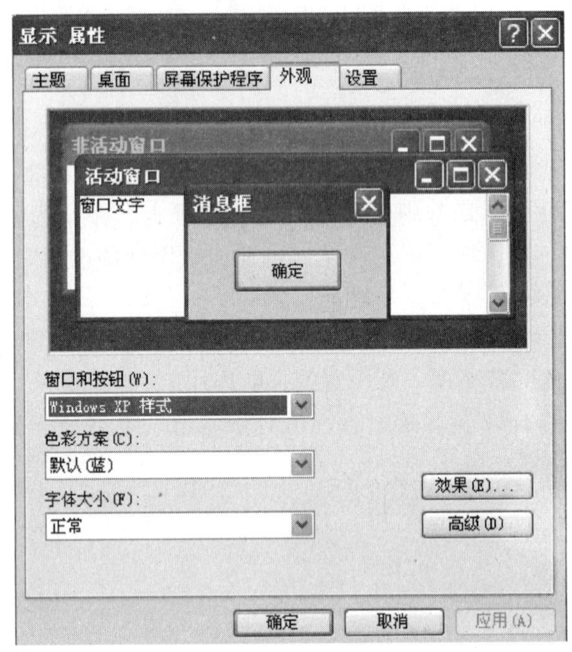

图 4－14 “外观”选项卡

2. 在“外观”选项卡中，可以打开“窗口和按钮”下拉列表框选择窗口和按钮的外观方案，其中可选项包括“Windows XP 样式”和“Windows 经典样式”。

3. 选择了一种窗口和按钮的外观方案后，系统会将该方案中对应的色彩方案和字体方案在“色彩方案”下拉列表框和“字体大小”下拉列表框中列出，供用户挑选。用户可以根据自己的喜好来设计方案之间如何搭配。

4. 如果用户要自定义一些外观的效果，可单击“效果”按钮，打开如图 4－15 所示的“效果”对话框。

5. 在“效果”对话框中，用户可以设置许多外观的显示效果。可以启用“为菜单和工具提示使用下列过渡效果”复选框，然后从下拉菜单中选择一种过渡的效果方案。如果要在桌面和窗口中显示大图标，可启用“使用大图标”复选框。另外，分别启用“在菜单下显示阴影”复选框和“拖动时显示窗口内容”复选框都可以为 Windows 的外观添加漂亮的效果。

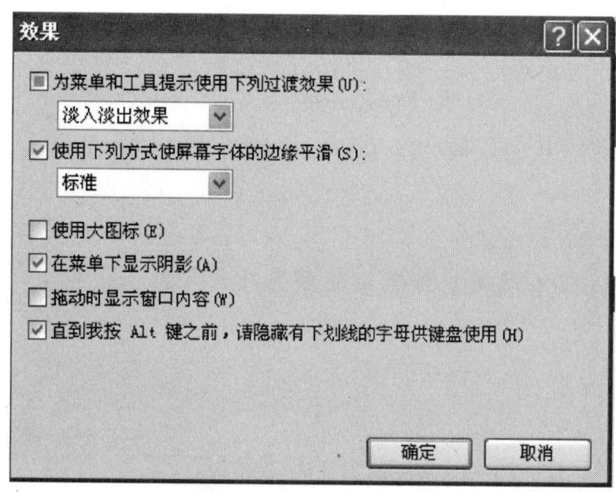

图 4-15　“效果”对话框

6. 在“外观”选项卡中，单击“高级”按钮将打开“高级外观”对话框，如图 4-16 所示。

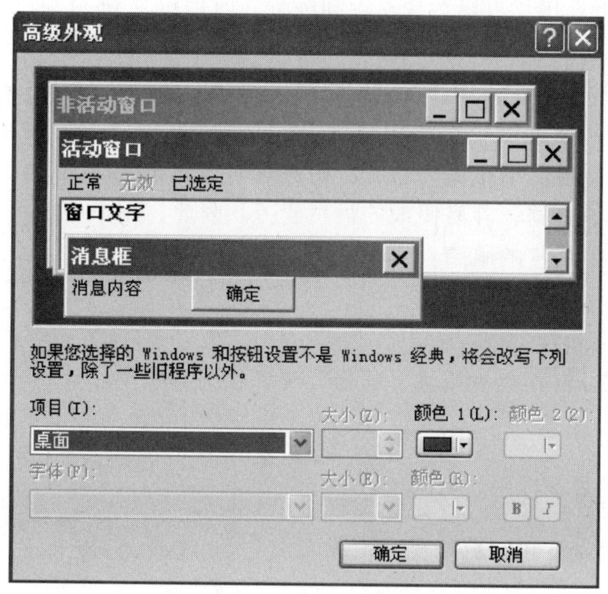

图 4-16　“高级外观”对话框

7. 在“高级外观”对话框中，用户可以自己定义诸如窗口、菜单、图标等项目的外观方案。而在外观方案中，主要定义的项目就是颜色和字体的大小。用户可以根据自己的喜好来设计出漂亮的外观方案。设计外观的同时，用户可以通过上面的显示窗口查看设置效果，确认后单击“确定”按钮以使设置生效。

8. 完成 Windows 外观设置后，单击“确定”按钮保存设置。

四、知识拓展

Windows XP 外观是指 windows 的操作界面给人的视觉感受，包括窗口和消息框的标题栏、菜单、按钮、滚动条等。在 Windows XP 里，用户可以选择不同的窗口样式和色彩方案，也可以对标题栏、菜单、按钮、滚动条等的颜色、字体做更详细的设置。

一般将非窗口的外观设置暗淡一些，将活动窗口的外观设置鲜亮一些，以便于区分。

课后作业

1. 外观的设置包括哪些内容？

2. 通过实际操作，将活动窗口标题栏的颜色改为深红色，把菜单的文字设置为行楷，并观察其效果。

任务四　调整颜色、分辨率和刷新频率

在 Windows XP 中，用户可以选择系统和屏幕同时能够支持的颜色数目。较多的颜色数目意味着在屏幕上显示的对象颜色更逼真。而屏幕分辨率是指屏幕所支持的像素的多少，例如，600 像素宽、800 像素高或 1024×768 像素。现在的监视器多数支持多种分辨率，使用户的选择更加方便。在屏幕大小不变的情况下，分辨率的大小将决定着屏幕显示内容的多少，大的分辨率将使屏幕显示更多的内容。刷新频率是指显示器的刷新速度，低的刷新频率会使用户有一种晃眼的感觉，容易使人的眼睛疲劳。因此，用户应使用显示器支持的最高刷新频率，这有利于保护用户的眼睛。

一、课堂任务

通过“显示属性”设置颜色质量、屏幕分辨率和刷新频率。

二、知识要点

1. 颜色质量的设置；
2. 屏幕分辨率的设置和刷新频率的设置。

三、操作步骤

（一）设置颜色质量和屏幕分辨率

在 Windows XP 中，用户可以选择的颜色质量方案和用户的显示适配器有关。高档的显示适配器支持的颜色数目较多，而显示效果也更好一些。一般显示适配器支持的颜色包括 4 种：16 色、256 色、增强色（16 位）和真彩色（32 位），用户最少也应选择 256 色，否则，桌面将非常难看，要选择合适的颜色质量方案。步骤如下：

1. 右击桌面，从弹出的快捷菜单中选择“属性”命令，打开“显示属性”对话框。

2. 单击“设置”标签，打开“设置”选项卡，如图 4－17 所示。在“颜色质量”选项组中，从“颜色”下拉列表框中选择所需要的颜色数目，例如“最高（32 位）”，单击“应用”按钮后，系统将自动应用该颜色方案。

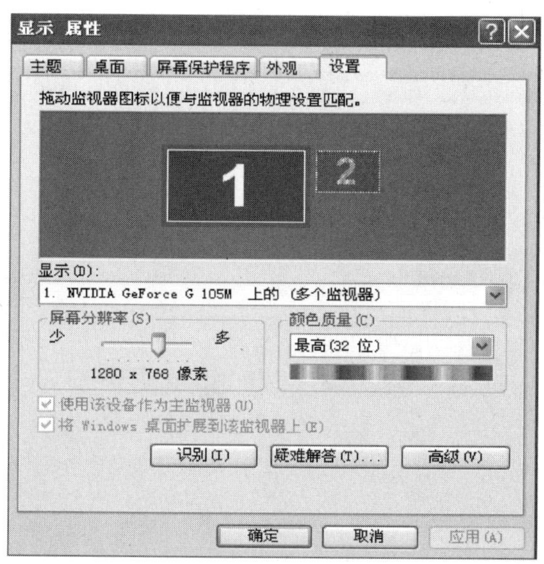

图 4 - 17 “设置”选项卡

要设置分辨率，可在“设置”选项卡的“屏幕分辨率”选项组中左右拖动滑块，以此来更改屏幕的分辨率，例如将当前的分辨率调整为 800 ×600 像素。

（二）设置刷新频率

如果用户在观看屏幕时感到有闪烁的现象，那肯定是屏幕的刷新频率设置得太低了。要消除屏幕闪烁的现象，可重新调整屏幕的刷新频率。步骤如下：

1. 在如图 4 - 18 所示的“设置”选项卡中单击“高级”按钮，系统将打开“× ×属性”对话框（× ×代表的是用户的显示适配器型号）。

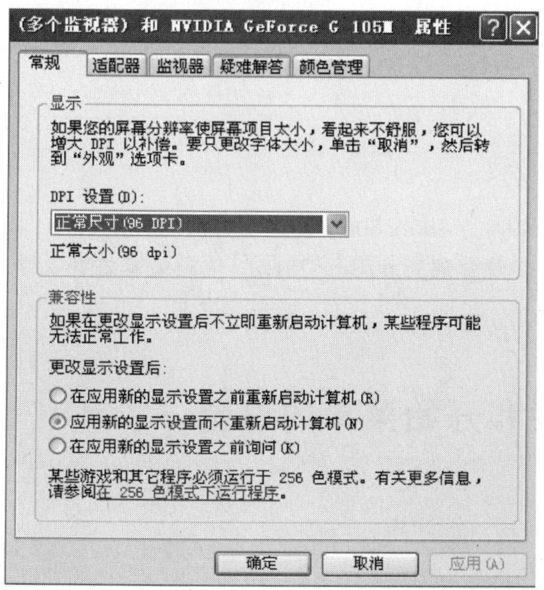

图 4 - 18 “高级”选项卡

2. 在该对话框中，单击“监视器”标签，将打开“监视器”选项卡，如图 4－19 所示。

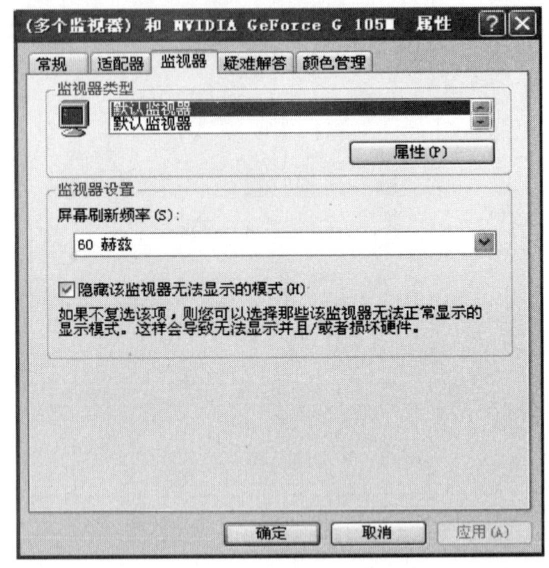

图 4－19 “监视器”选项卡

3. 在该选项卡中，打开“屏幕刷新频率”下拉列表框，从中选择屏幕所能支持的最高刷新频率。

4. 单击“确定”按钮，则新的刷新频率立即被应用。

四、知识扩展

屏幕分辨率是指屏幕的水平和垂直方向最多能显示的像素点，它以水平显示的像素数乘以垂直扫描线数表示，如“1024×768”指每帧图像由水平 1024 个像素、垂直 768 条扫描线组成。分辨率越高，屏幕中的像素点就越多，可显示的内容就越多，所显示的对象越小；反之，分辨率越低，显示的内容就越少，所显示的对象就越大。

课后作业

1. 分别将屏幕分辨率调为 800×600、1024×768、1280×720，比较有什么不同。
2. 分别将屏幕的刷新频率调为 60Hz、75Hz，仔细观察有什么不同。

任务五　任务栏和开始菜单的设置

一、课堂任务

通过操作，熟练掌握对任务栏和开始菜单的个性化设置。

二、知识要点

1. 了解隐藏或显示任务栏的方法；
2. 掌握自定义“开始”菜单的方法。

三、操作步骤

（一）隐藏或显示“任务栏”

1. 单击“开始”按钮，然后选择“设置”→“任务栏和开始菜单”命令，弹出如图4－20所示的“任务栏和「开始」菜单属性”对话框。

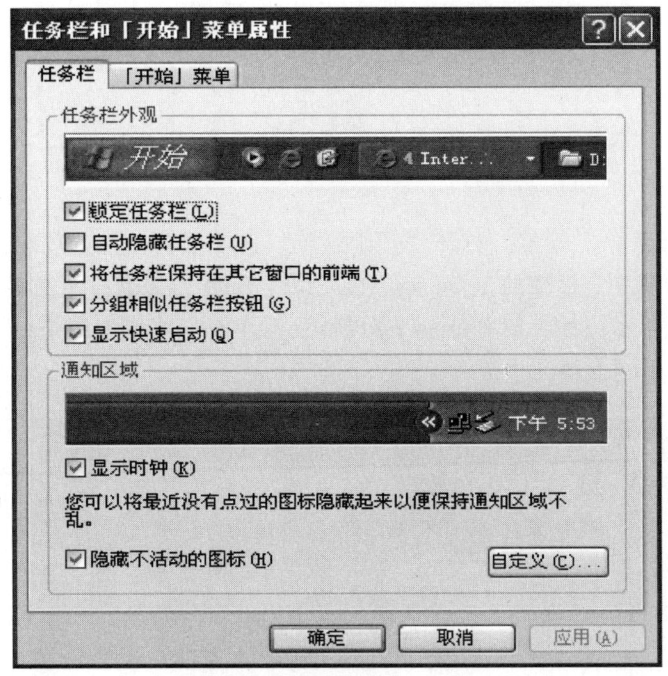

图 4－20

2. 在该对话框的“任务栏”选项卡中，单击“任务栏外观”区域内的“自动隐藏任务栏”复选框。

3. 单击“确定”按钮，即可自动隐藏“任务栏”。

提示：当鼠标指针移到屏幕最下方时，“任务栏”自动弹出，以供用户使用。

4. 重复上述过程，可以显示“任务栏”。

（二）自定义“开始”菜单

1. 指向任务栏空白处单击鼠标右键，从弹出的快捷菜单中单击“属性”命令，打开如图4－21所示的“任务栏和开始菜单”对话框。

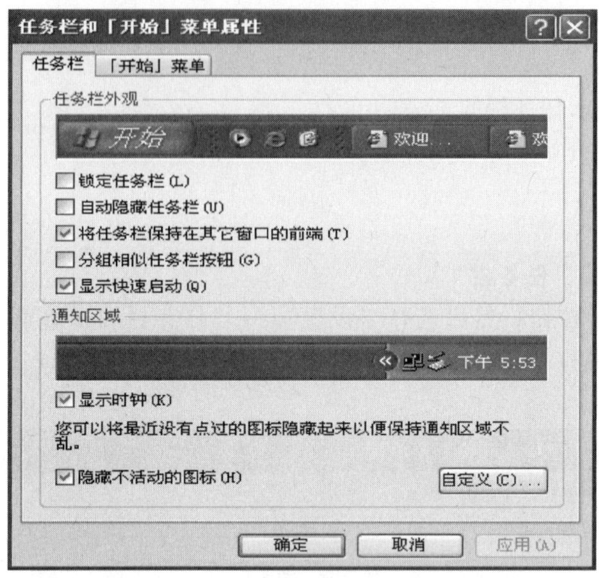

图 4－21

2. 单击“开始菜单”标签，打开“开始菜单”选项卡，在该选项卡中，用户可以设置当前所使用的开始菜单是标准的 Windows XP 类型“开始”菜单，还是经典类型的“开始”菜单，如图 4－22 所示。标志的 Windows XP 类型“开始”菜单如图 4－23 所示，经典类型的“开始”菜单如图 4－24 所示。

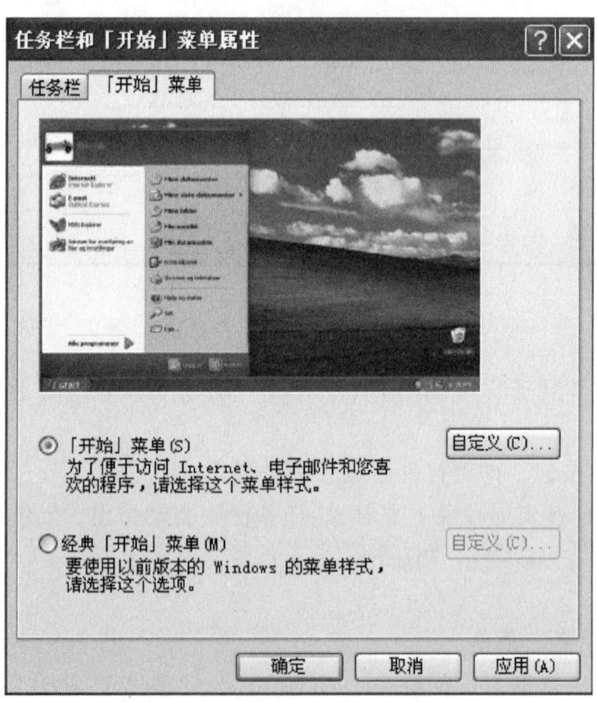

图 4－22

图 4－23

图 4－24

3. 单击“自定义”按钮，打开“自定义‘开始’菜单”对话框，如图 4－25 所示。系统默认打开的是“常规”选项卡。

图 4－25

4. 在“为程序选择一个图标大小”选项区域中，选择“小图标”单选按钮，在“开始”菜单中各程序项以较小的图标显示；选择“大图标”单选按钮，在“开始”菜单中各程序项以较大的图标显示。

5. 在“程序”选项区域中，用户可以指定在“开始”菜单中显示常用快捷方式的个数，系统默认为 6 个。其中的“清除列表”，可以清除开始菜单中所有的快捷方式，如图

4－26所示。

图 4－26

6. 设置“「开始」菜单上显示”项时，可以分别在“Internet”和“电子邮件”不拉列表框中指定所使用的程序（见图 4－27）。

图 4－27

7. 单击“高级”标签，打开“高级”选项卡，如图 4－28 所示。

图 4－28

8. 在“高级”选项卡的“开始菜单项目”列表框中，可以指定当前“开始”菜单中显示的项目和是否“列出我最近打开的文档”。

9. 单击“确定”按钮，完成“开始”菜单的自定义过程。

四、知识扩展

（一）“开始”菜单

“开始”菜单里存放着操作系统或设置系统的绝大多数命令，而且还可以使用安装到当前系统里面的所有的程序。“开始”菜单与“开始”按钮位于屏幕的左下方，“开始”按钮是一颗圆形 Windows 标志。

（二）“开始”菜单的组成

“开始”菜单包括用户标识、固定项目列表、常用程序列表、所有程序、常用的文件夹与系统命令以及计算机控制部分等，如图 4－29 所示。

1. 用户标识：显示的是计算机的当前登录用户名。

2. 固定项目列表：用户标识下方是固定项目列表，方便用户快速启动应用程序，默认包含“Internet”和“电子邮件”两个应用程序，用户可以添加其他应用程序到固定项目列表中。

3. 常用程序列表：常用程序列表最初包含 Windows Media Player、Outlook Express 等应用程序。当用户使用了某个应用程序后，系统会自动更新到常用程序列表中。系统默认的常用程序列表包含的程序为 6 个。

图 4－29

4. 所有程序："所有程序"菜单中包含了系统安装的所有应用程序。用户单击"所有程序"，可以打开"所有程序"菜单，某些菜单项还有下级菜单。找到要打开的应用程序的快捷方式菜单项后，单击即可打开该应用程序。

5. 常用的文件夹与系统命令：在"开始"菜单中包括"我的电脑"、"我的文档"、"我最近的文档"、"控制面板"、"搜索"、"运行"等常用的文件夹和系统命令，用户可以通过单击某菜单项，方便、快速地打开相应的应用程序。

6. 计算机控制部分：其中有"注销"和"关闭"两个按钮，通过点击这两个按钮，用户可以完成切换用户、关闭或重新启动计算机等操作。

课后作业

1. 分别设置开始菜单为"开始菜单"和"经典开始菜单"，比较其不同。

2. 设置开始菜单上显示的程序数目为 5，清空常用程序列表，再打开几个常用的应用程序，观察常用程序列表的变化。

3. 设置开始菜单中的"控制面板"项显示方式菜单，观察与默认显示方式有什么不同。

4. 设置在开始菜单中突出显示新安装的程序。

第五章 文件和文件夹管理

在计算机操作中，文件和文件夹是我们管理计算机的常用工具，也是我们经常使用的操作。本章将对文件和文件夹的管理及使用进行详细介绍。

任务一　认识文件和文件夹

一、课堂任务

了解文件和文件夹的概念，掌握文件类型和文件夹的特性。

二、知识要点

1. 文件和文件夹的概念；
2. 文件的类型；
3. 文件夹的特性。

三、操作步骤

（一）认识文件和文件夹

1. 打开资源管理器。有如下几种方法：

方法一： 单击任务栏上的按钮，从“程序”→“附件”中选择“Windows 资源管理器”命令。

方法二：在任务栏上的按钮上单击鼠标右键，从弹出的快捷菜单中选择“资源管理器”命令。

方法三：在桌面上“我的电脑”图标上单击鼠标右键，从弹出的快捷菜单中选择“资源管理器”命令。

方法四：单击“开始”按钮中的“运行”命令项，在弹出的对话框中输入“Expoler”并单击“确定”按钮。

方法五：在桌面或任务栏上创建资源管理器的快捷方式。

方法六：按下 Ctrl + E 组合键。

2. 如图 5 – 1 所示，“Windows 资源管理器”窗口的结构会因当时设置的显示方式的不同而有所不同。“Windows 资源管理器”窗口各个组成部分的功能如下：

图 5 – 1　Windows 资源管理器窗口

①左窗格即文件夹窗格。

②左窗格中的竖直虚线代表文件夹层次。

③当前打开（正在使用）的文件夹称为活动文件夹或当前文件夹。

④右窗格即文件夹内容窗格。

⑤当鼠标箭头指向左右窗格的分隔线时，鼠标变成左、右箭头形式，此时左、右拖动可改变两窗格部分的大小。

（二）获取文件信息与设置文件属性

1. 中文 Windows XP 文件（或文件夹）的属性分为：

只读：只能读其内容，但不能修改，也不能写入。

存档：如果文件（或文件夹）在最近一次备份后又被修改过，有恢复该文件（或文件夹）的属性记号，以备下次备份时使用。

隐藏：使文件或文件夹名不可见。

2. 设定文件或文件夹的属性的步骤如下：

第一步：选择所要设定某种属性的文件或文件夹。

第二步：在“资源管理器”窗口中，从“文件”菜单中选择“属性”或将指针移至需设定属性的文件或文件夹上，按下鼠标右键，从快捷菜单中选择“属性”，则出现“属性”对话框。

3. 在所要设定的属性选项中单击鼠标左键（使所选文件属性左边的单选框中出现“·”）后，然后单击“确定”按钮。

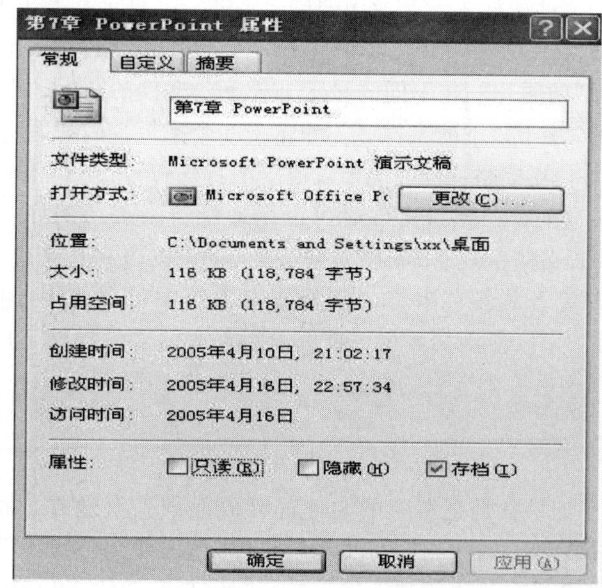

图 5-2　文件属性窗口

四、知识扩展

（一）文件

1. 文件的概念。文件是指在数字设备及环境中形成，以数码形式存储于磁带、磁盘、光盘等载体，依赖计算机等数字设备阅读、处理，并可在通信网络上传送的文件。可以是用户创建的文档，也可以是可执行的应用程序或一张图片、一段视频等。

2. 文件类型。是指电脑为了存储信息而使用的对信息的特殊编码方式，是用于识别内部储存的资料。比如有的储存图片，有的储存程序，有的储存文字信息。每一类信息，都可以一种或多种文件格式保存在电脑存储中。每一种文件格式通常会有一种或多种扩展名可以用来识别，但也可能没有扩展名。扩展名可以帮助应用程序识别的文件格式。

有些文件格式被设计用于存储特殊的数据，例如：图像文件中的 JPEG 文件格式仅用于存储静态的图像，而 GIF 既可以存储静态图像，也可以存储简单动画；Quicktime 格式则可以存储多种不同的媒体类型。文本类的文件有：text 文件一般仅存储简单没有格式的 ASCII 或 Unicode 的文本；HTML 文件则可以存储带有格式的文本；PDF 格式则可以存储内容丰富的，图文并茂的文本。

同一个文件格式，用不同的程序处理可能产生截然不同的结果。例如 Word 文件，用 Microsoft Word 观看的时候，可以看到文本的内容，而以无格式方式在音乐播放软件中播放，产生的则是噪声。一种文件格式对某些软件会产生有意义的结果，对另一些软件来看，就像是毫无用途的数字垃圾。

3. 文件的命名。在 Windows XP 中，文件是各种类型的信息的集合，文件的内容可以是文本、图片、声音、应用程序或者其他的内容。一个文件是由文件名和扩展名两部分组成的，文件名和扩展名之间用“.”分隔开。文件名表示文件的名字，而扩展名则表示文件的类型，它们是区分一个文件的标志，就像人的姓名一样，文件名相当于人的名字，扩展名就相当于人的姓。例如文件“Tulip. gif”，其中“Tulip”是它的文件名，而“gif”则是它的扩展名，表示它是 gif 类型的图片。在不同的显示方式下，文件的图标是不同的。

文件名只能接受 256 字节以下的字符（不包括 256 个字节，因为系统接受不了 255B 以上的字节）。文件名中允许使用空格，但不能出现以下的特殊符号：/\ ： * ? #" < > | （国家规定的，而且 * 和？是通配符，搜索文件时可以用通配符来表示例如 *. * 代表全部文件，a *. doc 以a 开头的 word 文档，a？. doc 以 a 开头的 word 文档并且文件的主名是两个字符。？代表某个字符，* 则代表某段字串符（字符或字串符中可以代表任何符号出了以上的：/\ ： * ? #" < > | ）。可以使用扩展名，扩展名用来表示文件类型，也可以使用多间隔符的扩展名。如 win. ini. txt 是一个合法的文件名，但其文件类型由最后一个扩展名决定。

（二）文件夹

1. 文件夹的认识。如果我们把所有的文件都存放在同一个地方，而要在其中查找某个需要的文件无异于大海捞针。因此我们需要使用文件夹来分门别类地保存和管理文件夹。文件夹就像我们平时工作学习中使用的文件袋一样，起到分类并便于管理的作用。文件一般保存在文件夹中，一个文件夹中不仅可以包含许多文件，还可以保存一个或者多个子文件夹，在子文件夹中可以再包含文件和子文件夹。在 Windows 中文件夹就是目录，它是电脑中保存和管理文件的一个工具，文件夹是由文件夹图标和文件夹名组成的。与文件类似，在不同的显示方式下，文件夹图标的显示也是不一样的。我们可以将 Windows 系统中的各种信息的存储空间看成一个大仓库，所有的仓库都会根据需要划分出不同的区域，每个区域分类存放不同的物品。

2. 文件夹的特性。

- 移动性：用户可以将文件夹从一个位置（磁盘或文件夹）移动或复制到另一个位置（磁盘或文件夹）中，也可以直接删除指定位置的文件夹，这些操作对该文件夹中的所有对象同时有效。
- 共享性：可以将文件夹设置为共享，使网络上的其他用户都能访问或控制其中的文件和数据。
- 嵌套性：一个文件夹中可以包含一个或多个文件或文件夹。
- 空间任意性：只要磁盘空间够，文件夹可以任意存储。

任务二　使用文件和文件夹的查看设置

一、课堂任务

了解文件和文件夹的搜索，设置浏览风格。

二、知识要点

1. 搜索文件和文件夹；
2. 文件夹常规选项；
3. 设置文件夹的查看属性。

三、操作步骤

（一）使用“搜索功能”

方法：单击“开始”菜单中的“搜索”命令，打开“搜索结果”窗口。在窗口左边的“您要查找什么?”，窗格中单击“所有文件和文件夹”链接弹出如图 5－3 所示的窗口。

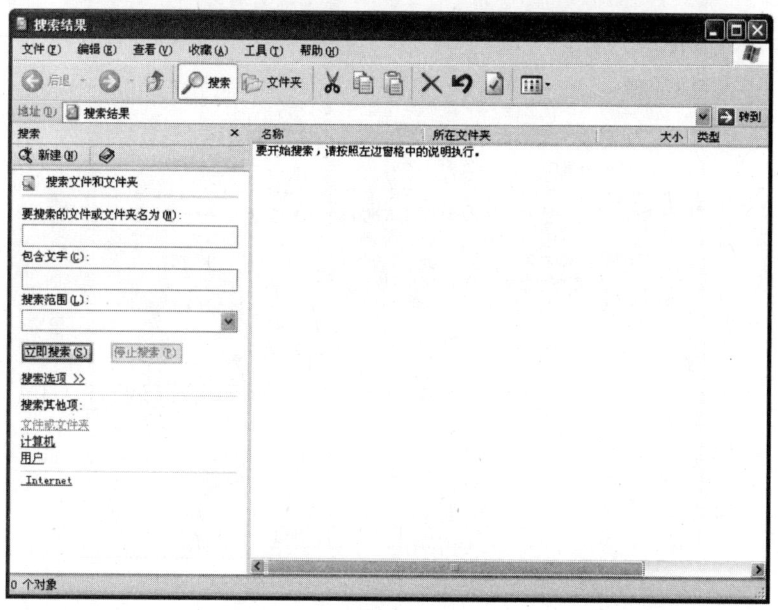

图 5－3　查询窗口

在“全部或部分文件名”文本框中可键入要查找的文件或文件夹的全部或部分名称。单击“搜索”按钮，将开始进行搜索，并在右侧的窗口中显示搜索结果，如图 5－4 所示，如果在搜索的过程中需要停止搜索，可单击“停止”按钮。

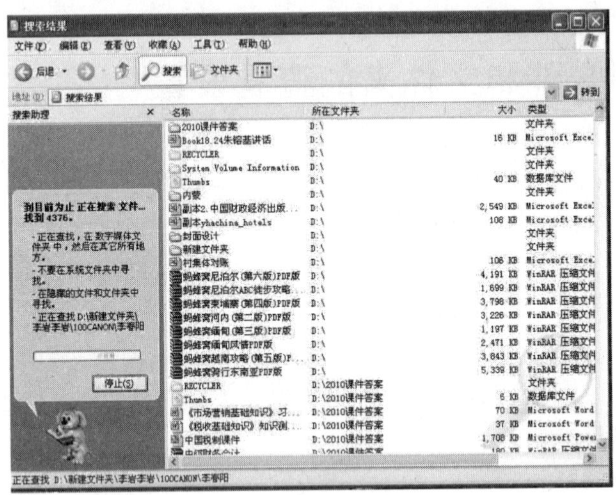

图 5－4　搜索结果

(二) 设置文件夹风格

1. 设置文件夹的常规选项。

方法： 在“资源管理器”窗口中单击“工具”→“文件夹选项”命令打开“文件夹选项”对话框，如图 5－5 所示。

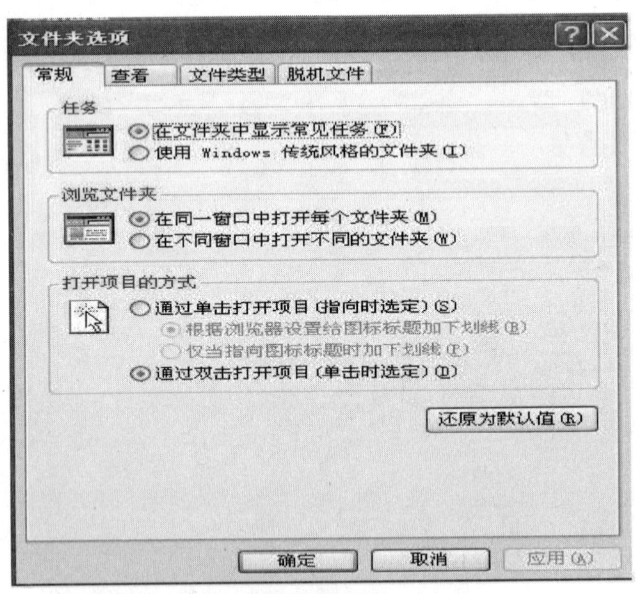

图 5－5　“文件夹选项”对话框

可以从图 5－5 中进行如下设置：

- 指定文件夹的显示方式：在“任务”选项区中，选中“在文件夹中显示常见任务”单选按钮，将在文件夹左侧显示一些常用任务的超链接，这时用户的桌面看起来就像是一个

Web 桌面；选中“使用 Windows 传统风格的文件夹”单选按钮，可使桌面恢复传统风格。

- 指定打开文件夹的方式：在“浏览文件夹”选项区中，选择“在同一窗口中打开每个文件夹”单选按钮，则每一个选中的文件夹都将在同一个窗口中打开；选择“在不同窗口中打开不同的文件夹”单选按钮，则每打开一个文件夹都会打开一个新窗口。
- 指定打开项目的方式：在“打开项目的方式”选项区中，选择“通过单击打开项目”单选按钮，可使鼠标仅通过单击即可将指向的项目选中；选择“通过双击打开项目”单选按钮，可以以用户习惯的双击方式打开指定的项目。

2. 设置文件夹的查看属性。单击“文件夹选项”对话框中的“查看”选项卡，如图 5 - 6 所示。

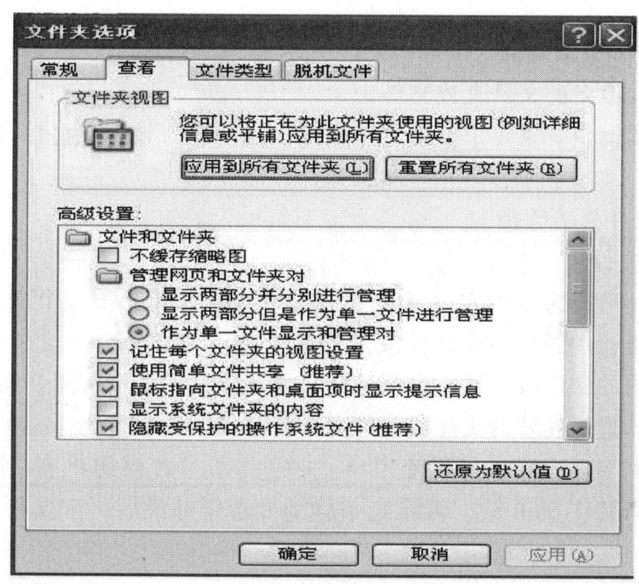

图 5 - 6　“查看”选项卡

在“高级设置”列表框中可进行详细的设置。例如，选中“在标题栏显示完整路径”复选框，则标题栏窗口中将显示文件夹路径，这样可以方便地查看已打开文件夹的名称；选中“隐藏已知文件类型的扩展名”复选框，则隐藏文件的扩展名，这样可以避免文件夹窗口的混乱。

任务三　文件和文件夹的操作

一、课堂任务

掌握文件或文件夹重命名、选择、复制、移动和删除。

二、知识要点

1. 文件或文件夹重命名；
2. 文件和文件夹的选择；
3. 复制文件或文件夹；
4. 移动文件或文件夹；
5. 文件或文件夹的删除。

三、操作步骤

（一）文件或文件夹重命名

第一步：右击要改名的文件夹或文件。

第二步：在弹出的快捷菜单中单击“重命名”命令项，输入新名后按 Enter 键即可。

（二）文件和文件夹的选择

1. 选择连续的文件或文件夹。

方法一：用鼠标选择连续的文件或文件夹，单击要选择的第一个文件或文件夹后按住 Shift 键，再单击要选择的最后一个文件或文件夹，则以所选第一个文件和最后一个文件为对角线的矩形区域内的文件或文件夹全部选定，并将被反白显示（黑底白字）。

方法二：用键盘选择连续的文件或文件夹，打开“资源管理器”，使用 Tab 键选定“资源管理器”窗口的右窗格操作区，再使用→、←、↑、↓方向键将亮条移到要选择的第一个文件或文件夹处；按住 Shift 键，再将亮条移到要选定的最后一个文件或文件夹处，松开 Shift 键和箭头键。

2. 选择不连续的文件或文件夹。首先单击要选择的第一个文件或文件夹，然后按住 Ctrl 键，再单击要选定的文件或文件夹。

（三）复制文件或文件夹

方法一：

第一步：单击源文件夹或盘符（即复制前文件所在的文件夹）。

第二步：选定要复制的文件或文件夹。

第三步：单击“编辑”菜单中的“复制”命令项或者单击工具栏上的“复制”按钮，也可以按下 Ctrl + C 组合键。

第四步：单击目标文件夹（复制后文件所在的文件夹）。

第五步：单击“编辑”菜单中的“粘贴”命令项或者单击工具栏上的“粘贴”按钮。

方法二：

第一步：单击源文件夹或盘符（即复制前文件所在的文件夹）。

第二步：选定要复制的文件或文件夹。

第三步：按住 Ctrl 键的同时，把所选内容拖动到目标文件夹（即复制后文件所在的文件夹）即可。

（四）移动文件或文件夹

方法一：

第一步：单击源文件夹（即移动前文件所在的文件夹）。

第二步：选定要移动的文件或文件夹。

第三步：单击“编辑”菜单中的“剪切”命令项或单击工具栏上的“剪切”按钮，也可以按下 Ctrl + X 组合键。

第四步：单击目标文件夹（即移动后文件所在的文件夹）。

第五步：单击“编辑”菜单中的“粘贴”命令项或单击工具栏上的“粘贴”按钮，也可以按下 Ctrl + V 组合键。

方法二：

第一步：单击源文件夹（即移动前文件所在的文件夹）。

第二步：选定要移动的文件或文件夹。

第三步：把所选内容拖动到目标文件夹（即移动后文件所在的文件夹）即可。

（五）文件或文件夹的删除

1. 逻辑删除。逻辑删除文件夹或文件的方法如下：

第一步：选定要删除的文件或文件夹。

第二步：单击“编辑”菜单中的“删除”命令项或单击工具栏上的“删除”按钮，也可以按 Delete 键。

第三步：在弹出的对话框中单击“是”按钮。

2. 彻底删除。彻底删除文件或文件夹的方法如下：

第一步：选定要删除的文件或文件夹。

第二步：按下 Shift 键的同时，单击“编辑”菜单中的“删除”命令项或按下 Shift 键的同时，单击工具栏上的“删除”按钮，也可以按下 Shift + Delete 组合键。

第三步：在弹出的对话框中单击“是”按钮。

任务四　自定义文件夹和回收站的使用

一、课堂任务

掌握文件夹的自定义和回收站的使用。

二、知识要点

1. 自定义文件夹；
2. 回收站的使用。

三、操作步骤

（一）自定义文件夹

第一步： 在"资源管理器"中，打开要自定义的文件夹，然后从"查看"菜单中选择"自定义文件夹"命令，打开该文件夹的属性对话框，单击"自定义"选项卡，如图 5－7 所示。

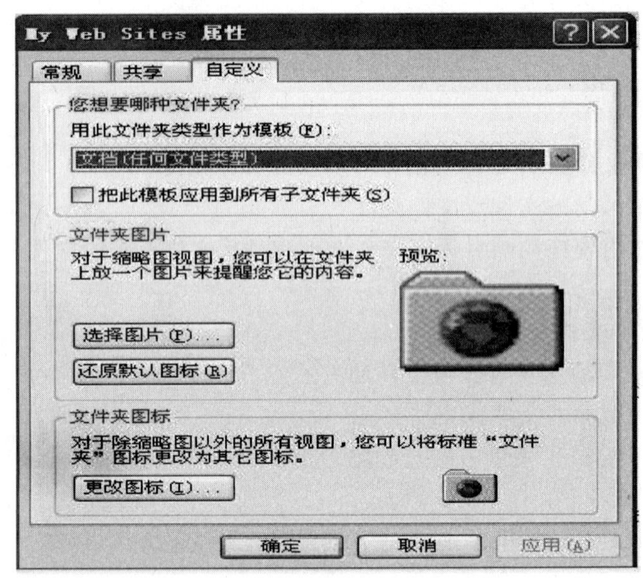

图 5－7　"自定义"选项卡

第二步： 该选项卡中可进行如下设置：

- 为文件类型选择模板：在"用此文件夹类型作为模板"下拉列表框中可选择模板。文件夹模板可将指定的特征应用到用户的文件夹中。另外，选中"把此模板应用到所有子文件夹"复选框，可将为文件夹所选的模板同时应用到它的所有子文件夹中。
- 为文件夹选择图片：单击"文件夹图片"选项区中的"选择图片"按钮，从弹出的对话框中可为文件夹的缩略图视图选择图片。
- 更改文件夹图标：单击"文件夹图标"选项区中的"更改图标"按钮，从弹出的对话框中可为文件夹更改图标。

第三步： 设置完毕后，单击"应用"、"确定"按钮即可。

（二）回收站的使用

1. 设置回收站属性。

第一步： 鼠标右键单击桌面上的"回收站"图标，在弹出的快捷菜单中选择"属性"选项，出现如图 5－8 所示的对话框。

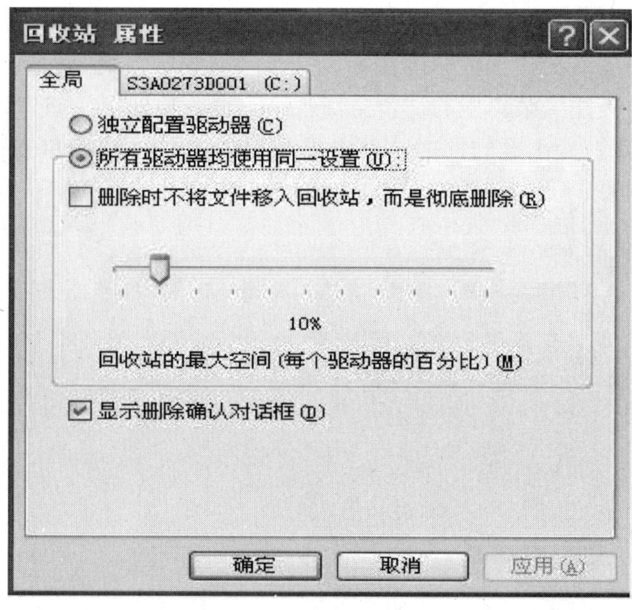

图5－8　“回收站属性”对话框

第二步：从该对话框中可对“回收站”进行以下属性设置：

- 独立配置各驱动器：指定每个驱动器可以分别使用不同设置。
- 所有驱动器均使用同一设置：指定该选项卡上的设置将适用于所有驱动器。
- 删除时不将文件移入回收站，而是彻底删除：指定直接从硬盘中将项目立即删除。

2. 还原删除的文件。

第一步：双击桌面上的“回收站”图标，将显示“回收站”窗口。

第二步：单击要还原的文件，然后从“文件”菜单中选择“还原”命令项，如图5－9所示，或单击窗口左侧的“还原项目”图标即可将文件还原。

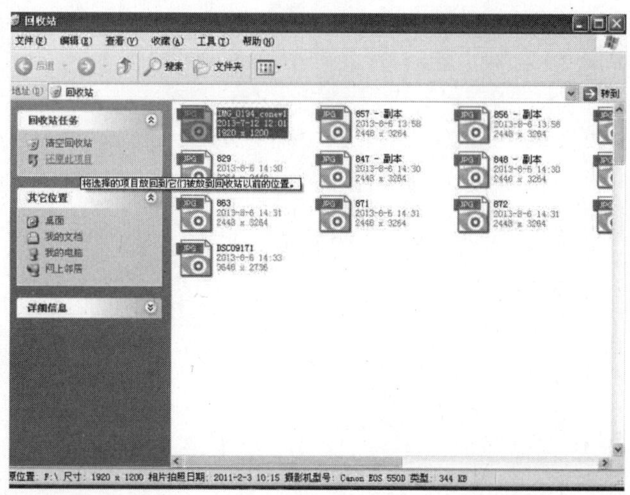

图5－9　选择“还原”命令项

3. 清空“回收站”。

第一步：在桌面上双击“回收站”图标，打开“回收站”窗口。

第二步：单击“文件”菜单中的“清空回收站”命令项即可。如果只想删除“回收站”中的部分文件，则按住 Ctrl 键的同时，单击要删除的文件，然后单击“文件”菜单中的“删除”命令项即可。

第六章
Windows XP 常用多媒体工具的使用

计算机技术发展到今天，除了能够进行数据计算之外，还有许多其他功能，如进行多媒体的编辑和播放。所谓多媒体，就是一种结合文字、声音以及图像等多种媒体手段来表达和传递信息的方法。用户通过它可以得到视觉、听觉以及其他感官上的享受，多媒体可以比传统的文字或者图像传递更多的信息，在娱乐和教育方面有着广泛的应用前景。

Windows XP 操作系统为用户提供了多种媒体工具，例如，画图、媒体播放器、录音机等。本章将对 Windows XP 系统的几种常用多媒体工具做详细的介绍。

任务一　使用 Windows XP 的“画图”程序

Windows XP 附件中的“画图”程序是一种位图编辑器，有一整套绘制工具和范围比较大的色彩，可以用来绘制简单图形，或对已有的图形进行编辑。在编辑完成后，可以 BMP、JPG、GIF 等格式存档，也可以发送到桌面或其他文档中。画图程序的图形编辑功能比专门的图形编辑软件简单，但基本操作有很多相似之处。在这一节中我们将详细介绍使用“画图”应用程序的方法。

一、任务描述

使用“画图”程序绘制图形，对各种位图格式的图片进行编辑。

二、操作要点

1. “画图”程序窗口的组成；

2. 画布大小的设置；
3. 工具箱的使用。

三、操作步骤

（一）启动“画图”程序

在 Windows XP 操作系统的桌面上单击“开始”→“程序”→“附件”→“画图”命令，打开“画图”窗口，如图 6－1 所示。

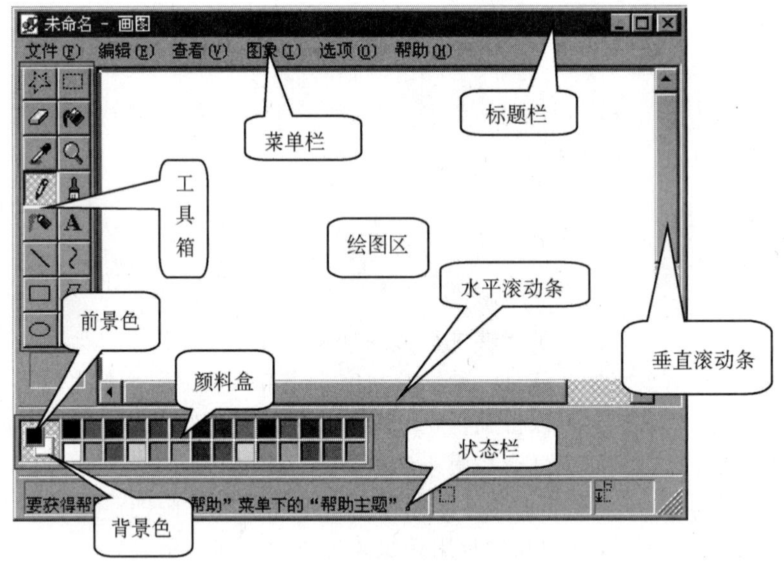

图 6－1

在打开的“画图”窗口中，标题栏位于“画图”窗口的顶部。标题栏上的显示格式为“文件名—画图”。其中，“画图”表明了当前使用的应用程序是“画图”程序，“文件名”为绘图内容的名称，在这里为“未命名”。

标题栏下方有“文件”“编辑”“查看”“图像”“选项”和“帮助”等菜单项，中间最大的区域是画图区（也称为画布），可以用鼠标拖放画布的边角处来改变画布的大小。画布的大小一旦确定，所能绘制的图形的范围就确定了，画布之外的区域便不再能进行操作。

窗口左边是由许多工具按钮组成的绘图工具箱，用来在画布上进行绘图。

画图区的下方是颜料盒，也称为“调色板”，绘图前使用它来设置当前使用的前景色和背景色。其中，在颜料盒的左侧是前景色和背景色显示框，框中有两个重叠在一起的小方块，前面的方块内显示的是前景色，后面的方块内显示的是背景色。用鼠标左键单击颜料盒中的某种颜色来设置前景色，用鼠标右键单击颜料盒中的某种颜色来设置背景色。

在窗口的最下方是状态栏，用来显示选定的菜单命令或工具按钮的功能说明。

（二）选择画布

用户在使用画图程序画图之前，首先要根据自己的实际需要进行画布的选择（即页面设置)，确定所要绘制的图形大小以及各种具体的格式。选择“文件”菜单中的“页面设置”命令，打开如图 6－2 所示的窗口。

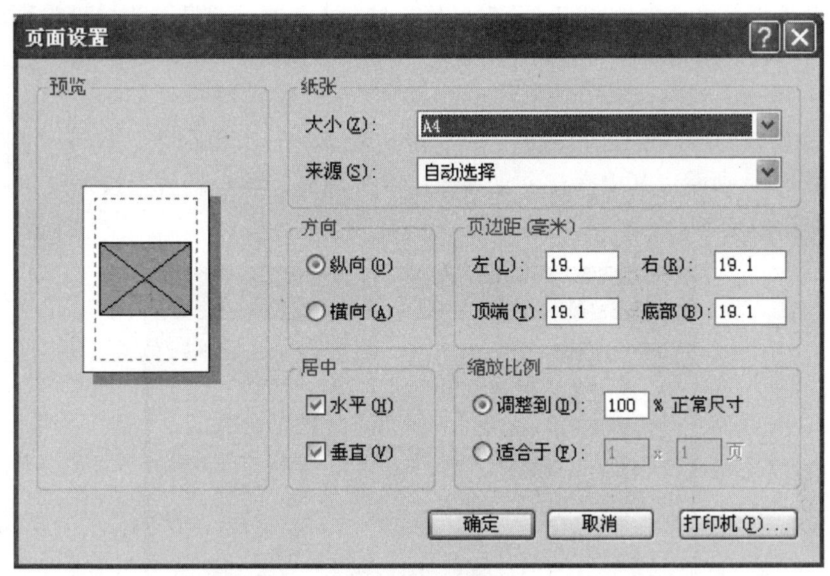

图 6－2

在“纸张”选项组中，单击向下的箭头，系统弹出一个下拉列表框，用户可以选择纸张的大小及来源，在“方向”选项组中，可以选择“纵向”或“横向”设置纸张打印的方向，在“页边距”和“缩放比例”选项组中，用户可以进行页边距和缩放比例的选择调整。页面设置好后，用户单击“确定”按钮就可以进行绘画了。

（三）编辑图形

在画图程序中，对“图形”进行的编辑操作和在文字处理程序中对“字符”的操作一样，如常用的选取、复制、移动、删除等等。另外，对图形还可以作翻转和变形等操作。

1. 选取图形。单击工具箱中的“裁剪”按钮，在绘图区按住鼠标圈出一个不规则的图形进行编辑操作。单击工具箱中的“选定”按钮，在绘图区拖出一个矩形区域进行编辑操作。由于矩形块选取简单，所以“选定”按钮比“裁剪”按钮使用的次数多。

2. 删除图形。选取图形后，按删除键“Delete”或点击菜单命令“编辑”→“剪切”均可将图形块删除掉。删去图形后的位置以当前设定的背景颜色填充。

3. 移动图形。选取图形后，在工具箱底部选择非透明或透明的操作方式，鼠标指针指向图形块内部，光标会变成十字箭头形状，在图形块中按住鼠标左键拖动到适当位置，放开左键完成移动操作。

4. 复制图形。复制图形块的操作与移动图形块的操作类似，只是在复制时按住“Ctrl”键的同时拖动图形块，即可完成复制操作。

5. 擦除图形。单击工具箱中的橡皮按钮，并在工具箱底部选择橡皮的大小，即可用鼠标光标对图形进行擦除修改。按住鼠标左键在图形上拖动，将把拖过的图形擦掉，擦掉的地方以背景颜色代替。按住鼠标右键在图形上拖动，把拖过的图形中与前景颜色相同的颜色擦掉，而不擦除其他颜色，擦掉的颜色以背景颜色代替。

注意：用鼠标左键操作橡皮可将图形中的任何颜色擦掉。用鼠标右键操作橡皮只将图形中的与前景色相同的颜色擦掉。可见，用鼠标右键操作橡皮可以把图形中的一种颜色替换成另一种颜色。

6. 翻转和旋转图形。单击“图像”→“翻转和旋转”菜单命令，打开“翻转和旋转”对话框，如图 6－3 所示。其中有三个复选框：水平翻转、垂直翻转及按一定角度旋转，用户可根据需要进行选择。

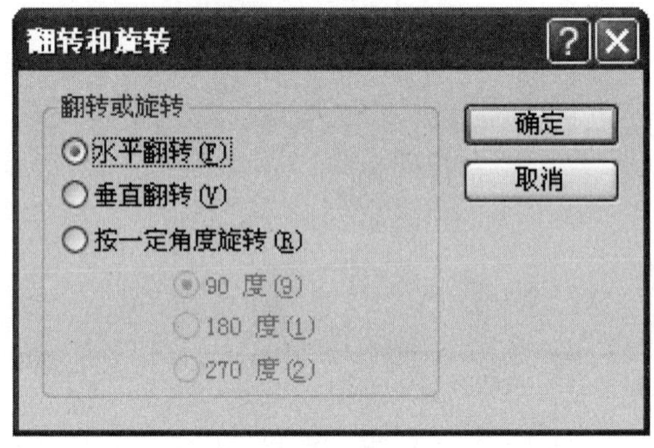

图 6－3

7. 拉伸和扭曲图形。单击“图像”→“拉伸和扭曲”菜单命令，打开“拉伸和扭曲”对话框，如图 6－4 所示。有拉伸和扭曲两个选项组，用户可以选择水平和垂直方向拉伸的比例和扭曲的角度。

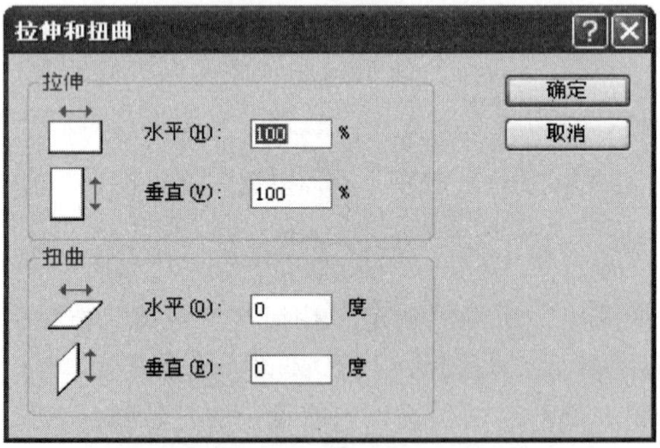

图 6－4

8. 图像反色显示。单击“图像”→“反色”菜单命令，图像即可反色显示，图 6－5、图 6－6 是执行“反色”命令前后的两幅对比图。

用户还可以在“图像”→“属性”菜单中进行图片的高度、宽度、颜色等的设置，在“属性”对话框内，显示了保存过的文件属性，包括保存的时间、大小、分辨率以及图片的高度、宽度等，用户可在“单位”选项组下选用不同的单位进行查看，如图 6－7 所示。

lovehome.JPG - 画图
文件(F)　编辑(E)　查看(V)　图像(I)　颜色(C)　帮助(H)
要获得帮助，请在“帮助”菜单中，单击“帮助主

图 6－5

lovehome.JPG - 画图
文件(F)　编辑(E)　查看(V)　图像(I)　颜色(C)　帮助(H)
要获得帮助，请在“帮助”菜单中，单击“帮助主 147,41

图 6－6

属性
上次保存的文件: 2012-4-30 10:56
磁盘大小: 21,886 字节数
分辨率: 每英寸 96 x 96 点
宽度(W): 400　高度(H): 300
单位
英寸(I)　厘米(M)　像素(P)
颜色
黑白(B)　彩色(L)
确定
取消
默认值(D)

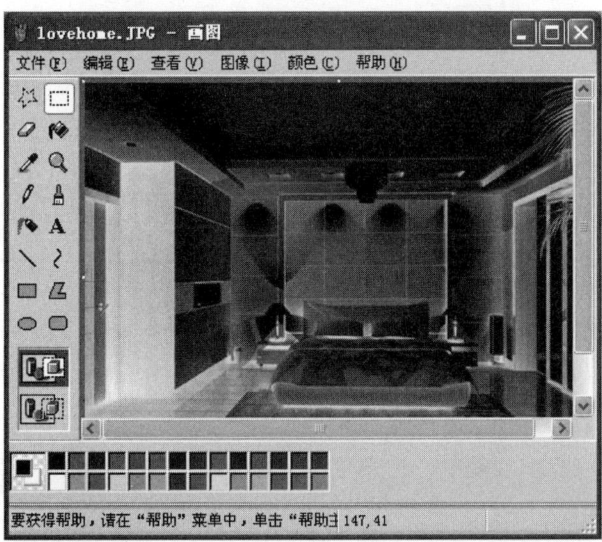

图 6－7

9. 用户自定义颜色。生活中的颜色是多种多样的，颜料盒中提供的色彩也许远远不能满足用户的需要；或者用户如果对颜料盒中的颜色感到不满意，则可以自行创建自定义颜色。操作步骤如下：

第一步：单击“颜色”→“编辑颜色”菜单命令，打开“编辑颜色”对话框，如图6－8所示。

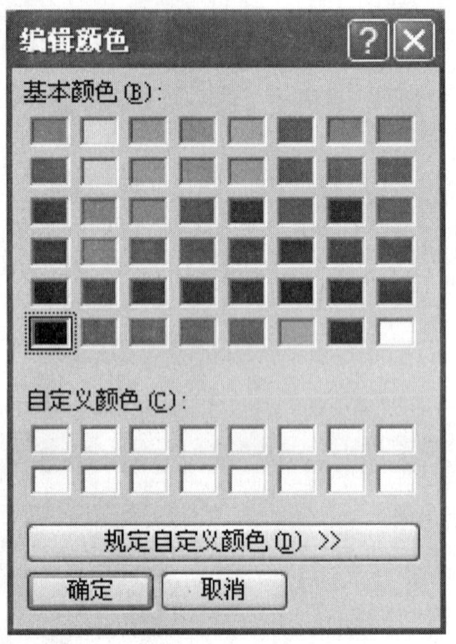

图6－8

第二步：单击要编辑的基本颜色。

第三步：单击“规定自定义颜色”按钮，打开调节对话框。

第四步：用鼠标在取色区中选择合适的“色调”和“饱和度”，然后移动颜色梯度条中的滑块改变其“亮度”，如图6－9所示。

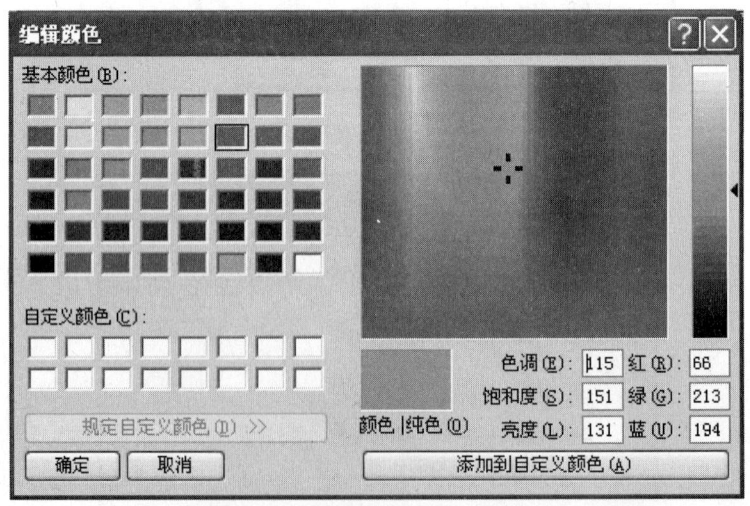

图6－9

第五步：单击“添加到自定义颜色”按钮，将编辑好的颜色保存。

第六步：单击“确定”按钮，关闭“编辑颜色”对话框。将自定义的颜色添加到“自定义颜色”选项组中。

10. 保存图形。图形绘制完后，要对图形进行保存，可执行如下操作：

第一步：单击“文件”→“保存”菜单命令，如果此时该图形文件还没有被保存过，则将出现“保存”对话框，如图 6－10 所示。

第二步：用户可以在文件名编辑框中给文件命名。

第三步：在保存类型下拉菜单中选择需要保存的类型。

第四步：单击“保存”按钮，保存这个文件。

图 6－10

（四）绘制“企鹅”

1. 绘制“企鹅”头部。单击选中“椭圆”工具，按下 shift 键，在绘图区绘制出一个圆形，再在该圆中画两个竖放的椭圆作眼睛，分别在椭圆眼睛中各画一个小圆作眼珠，单击颜料盒中前景色方框，在颜色列表中选取黑色，单击鼠标，将前景色设为黑色，单击“用颜色填充”工具按钮，将鼠标指针放到眼珠子圆中单击，将眼珠子涂为黑色；再画一个椭圆作嘴巴，在椭圆中画一条曲线，单击颜料盒中前景色方框，在颜色列表中选取黄色，单击鼠标，将前景色设为黄色，单击“用颜色填充”工具按钮，将鼠标指针放到嘴巴圆中单击，将嘴巴涂为黄色；最后，单击颜料盒中前景色方框，在颜色列表中选取黑色，单击鼠标，将前景色设为黑色，单击“用颜色填充”工具按钮，将鼠标指针放到除眼睛和嘴巴以外的头部圆中空白处单击，将企鹅头部其余部分涂为黑色。如图 6－11 所示。

图 6－11

2. 绘制“企鹅”肚子。在离图 6－11 所示企鹅头部较远的地方画两个互相内切的圆，单击颜料盒中前景色方框，在颜色列表中选取黑色，单击鼠标，将前景色设为黑色，单击“用颜色填充”工具按钮，将鼠标指针放到两个互相内切的外圆空白处单击，将外圆中除内圆之外的部分涂为黑色，以此作为企鹅的肚子；然后单击工具箱中“选定”按钮，将绘制好的企鹅肚子选中，按住鼠标左键将选中的企鹅肚子拖放到图 6－11 所示企鹅头部下方适当的位置，松开鼠标。如图 6－12 所示。

图 6－12

3. 绘制“企鹅”翅膀。在离图 6－12 所示企鹅较远的地方画一个小椭圆，单击颜料盒中前景色方框，在颜色列表中选取黑色，单击鼠标，将前景色设为黑色，单击“用颜色填充”工具按钮，将鼠标指针放到这个小椭圆内部空白处单击，将这个小椭圆涂为黑色。然后选定该小椭圆，单击“图像”菜单中的“拉伸/扭曲”子菜单，打开“拉伸和扭曲”对话框，将“扭曲”选项组中的水平值设为 30 度，再选中这个扭曲后的小椭圆，按“Ctrl + C”键、“Ctrl + V”键复制一份，选中复制的扭曲小椭圆，用鼠标将其拖至企鹅肚子左边适当位置松开鼠标，以此作为企鹅的左边翅膀，如图 6 - 13 所示。

图 6 - 13

然后选定复制前的扭曲小椭圆，单击“图像”菜单中的“翻转/旋转”子菜单，打开“翻转和旋转”对话框，在“翻转或旋转”选项组中单击“水平翻转”单选按钮，单击“确定”，使选中的扭曲小椭圆水平翻转，并用鼠标将选中的翻转后的扭曲小椭圆拖至企鹅肚子右边适当位置松开鼠标，以此作为企鹅的右边翅膀，如图 6 - 14 所示。

图 6 - 14

4. 绘制“企鹅”脚。在离图 6 – 14 所示企鹅较远的地方画一个小椭圆，单击颜料盒中前景色方框，在颜色列表中选取黄色，单击鼠标，将前景色设为黄色，单击“用颜色填充”工具按钮，将鼠标指针放到这个小椭圆内部空白处单击，将这个小椭圆涂为黄色，然后选定该小椭圆，按“Ctrl + C”键、“Ctrl + V”键复制一份，分别选中这两个黄色小椭圆，用鼠标将其拖至企鹅肚子下边适当位置松开鼠标，以此作为企鹅的两只脚，如图 6 – 15 所示。

图 6 – 15

5. 输入文本和保存。在工具箱中单击文字工具按钮，在画布上按下鼠标左键并拖动出一个方框，直接输入文字“可爱的小企鹅”，将字号设为 20，用同样的方法再画一个方框，输入文字签名，将字号设为 10，作品最终完成如图 6 – 16 所示。

图 6 – 16

当用户的一幅作品完成后，可以设置为墙纸，还可以打印输出，具体的操作都是在“文件”菜单中实现的，用户可以根据提示直接执行相关的命令，这里不再过多叙述。

四、知识拓展

（一）“工具箱”介绍

“工具箱”中为用户提供了 16 种常用的工具，如图 6－17 所示。当选择了一种工具后，在下面的辅助选择框中会出现相应的信息。例如，当用户选择“刷子”工具后，会出现刷子大小及显示方式的选项，方便用户自行选择。“工具箱”中各工具按钮及作用简介如下：

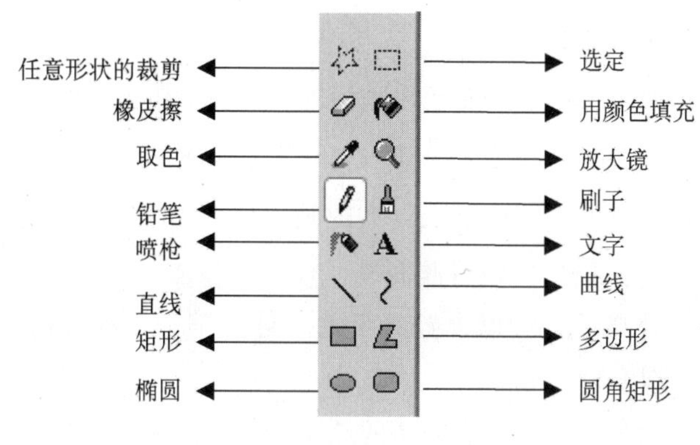

图 6－17

- 裁剪工具：利用此工具，可以对图片进行任意形状的裁切，单击此工具按钮，按下左键不松开，对所要进行的对象进行圈选后再松开手，此时出现虚框选区，拖动选区，即可看到效果。

- 选定工具：此工具用于选中对象，使用时单击此按钮，拖动鼠标左键，可以拉出一个矩形选区对所要操作的对象进行选择，用户可对选中范围内的对象进行复制、移动、剪切等操作。

- 橡皮工具：用于擦除绘图中不需要的部分，用户可根据要擦除的对象范围大小，来选择合适的橡皮擦。橡皮工具根据后背景而变化，当用户改变其背景色时，橡皮会转换为绘图工具，类似于刷子的功能。

- 填充工具：运用此工具可对一个选区内进行颜色的填充，来达到不同的表现效果。用户可以从颜料盒中进行颜色的选择，选定某种颜色后，单击改变前景色，右击改变背景色，在填充时，一定要在封闭的范围内进行，否则整个画布的颜色会发生改变，达不到预想的效果，在填充对象上单击填充前景色，右击填充背景色。

- 取色工具：此工具的功能等同于在颜料盒中进行颜色的选择，运用此工具时可单击该工具按钮，在要操作的对象上单击，颜料盒中的前景色随之改变，而对其右击，则背景色会发生相应的改变。当用户需要对两个对象进行相同颜色填充，而这时前、背景色的颜色已经调乱时，可采用此工具，能保证其颜色的绝对相同。

- 放大镜工具：当用户需要对某一区域进行详细观察时，可以使用放大镜进行放大，选择此工具按钮，绘图区会出现一个矩形选区，选择所要观察的对象，单击即可放大，再次单击回到原来的状态，用户可以在辅助选择框中选择放大的比例。
- 铅笔工具：此工具用于不规则线条的绘制，直接选择该工具按钮即可使用，线条的颜色依前景色而改变，可通过改变前景色来改变线条的颜色。
- 刷子工具：使用此工具可绘制不规则的图形，使用时单击该工具按钮，在绘图区按下左键拖动即可绘制显示前景色的图画，按下右键拖动可绘制显示背景色图画。用户可以根据需要选择不同的笔刷粗细及形状。
- 喷枪工具：使用喷枪工具能产生喷绘的效果，选择好颜色后，单击此按钮，即可进行喷绘，在喷绘点上停留的时间越久，其浓度越大，反之，浓度越小。
- 文字工具 **A**：用户可采用文字工具在图画中加入文字，单击此按钮，“查看”菜单中的“文字工具栏”便可以用了，执行此命令，这时就会弹出“文字工具栏”，用户在文字输入框内输完文字并且选择后，可以设置文字的字体、字号，给文字加粗、倾斜、加下划线，改变文字的显示方向等等。
- 直线工具：此工具用于直线线条的绘制，先选择所需要的颜色以及在辅助选择框中选择合适的宽度，单击直线工具按钮，拖动鼠标至所需要的位置再松开，即可得到直线，在拖动的过程中同时按 Shift 键，可起到约束的作用，这样可以画出水平线、垂直线或与水平线成 45°的线条。
- 曲线工具：此工具用于曲线线条的绘制，先选择好线条的颜色及宽度，然后单击曲线按钮，拖动鼠标至所需要的位置再松开，然后在线条上选择一点，移动鼠标则线条会随之变化，调整至合适的弧度即可。
- 矩形工具、椭圆工具、圆角矩形工具：这三种工具的应用基本相同，当单击工具按钮后，在绘图区直接拖动即可拉出相应的图形，在其辅助选择框中有三种选项，包括以前景色为边框的图形、以前景色为边框背景色填充的图形、以前景色填充没有边框的图形，在拉动鼠标的同时按 Shift 键，可以分别得到正方形、正圆、正圆角矩形工具。
- 多边形工具：利用此工具用户可以绘制多边形，选定颜色后，单击工具按钮，在绘图区拖动鼠标左键，当需要弯曲时松开，如此反复，到最后时双击鼠标，即可得到相应的多边形。

（二）输入文字

单击工具箱中的“文字工具”按钮，再单击画布中的需要输入文字的位置，沿对角线拖动鼠标，移动和放大创建的文字框，接着就可以输入文字了。其中，单击颜料盒中的某颜色可以更改输入文字的颜色。

在输入文字的时候，会打开一个“字体”工具栏，如图 6－18 所示。

图 6－18 “字体”工具栏

在“字体”工具栏中，单击文字的“字体”、“字号”下拉菜单，可选择用户需要的字体和字号；单击文字的字型按钮，可选择用户需要的黑体、斜体、下划线等不同字型。

课后作业

1. 使用“画图”程序打开一幅图片，将图片分别做翻转、拉伸、扭曲、反色显示，看看操作后的效果。
2. 使用“画图”程序绘制一个奥运五环标志图画。

任务二 使用 Windows XP 的“Windows Media Player”程序

Windows Media Player 是 Windows XP 自带的多媒体播放器，使用 Windows Media Player 可以播放、编辑和嵌入多种多媒体文件，包括视频、音频和动画文件。Windows Media Player 支持几乎所有的多媒体文件格式，以前，每种媒体文件格式都需要单独的播放器，而且还必须下载和配置这些播放器。现在，只要用 Windows Media Player，用户就可以播放当前流行的多种格式的音频、视频和混合型多媒体文件，还可以接入国际互联网，收听或收看网上的节目。即使在播放包含多种媒体类型的文件时，Windows Media Player 也可以提供连续的观赏效果。此外，它还支持智能流，可监视网络工作状况并自动进行调整，以确保最佳的接收和播放效果。

一、任务描述

使用 Windows Media Player 播放视频文件和音频文件。

二、操作要点

1. 使用 Windows Media Player 播放多媒体文件、CD 唱片。
2. 更改 Windows Media Player 面板。

三、操作步骤

(一) 启动 Windows Media Player

单击“开始”→“程序”→“Windows Media Player”命令，打开 Windows Media Player

窗口，如图 6-19 所示。其中包括以下一些组成部分：标题栏、菜单栏、显示区和播放控件按钮等。

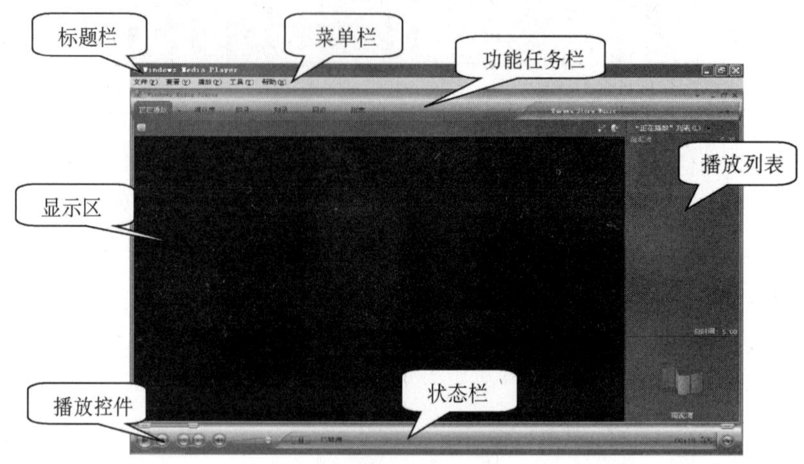

图 6-19

- 标题栏：位于 Windows Media Player 窗口的顶部。
- 菜单栏：在标题栏的下面，包含了一组菜单项。用鼠标单击菜单可打开一个下拉式菜单。
- 功能任务栏："功能任务栏"包括七个按钮，分别对应七个主要的播放机功能。
- 播放控件：其作用跟一般音响设备中的按钮功能一样，用来对所播放的文件进行控制。包括播放、暂停、停止、向前跳进、向后跳进、快退、快进、预览、静音和音量控制等控制部件。
- 显示区：可以包含以下信息（如果这些信息已包括在媒体文件中）：节目的标题、剪辑的标题、作者和版权。
- 状态栏：位于窗口最下方的是状态栏，用来显示目前所播放的媒体文件所处的状态（如：连接、缓冲、播放或暂停）、接收质量、文件已播放时间、总时间以及用于声音和字幕的图标等等。
- 播放列表：显示当前播放列表中的各项。对于 DVD，则显示 DVD 标题和章节的名称。

（二）播放媒体文件

1. 若要播放本地磁盘上的多媒体文件，操作步骤如下：

（1）单击"文件"→"打开"菜单命令，打开"打开"对话框，如图 6-20 所示。

（2）找到要播放的媒体文件。

（3）单击"确定"按钮，播放这个文件。

2. 若要播放 CD 光盘中的文件，可先将 CD 插入 CD-ROM 驱动器时，Windows Media Player 将自动开始播放。当将音频播放机打开时会处于"正在播放"状态，显示艺术家名称、所播放曲目的标题以及可视化效果。

如果知道要播放的流式媒体文件或已存储的多媒体文件的 URL 或路径，可以双击"Windows 资源管理器"中的媒体文件或文件图标来播放媒体文件。

图 6-20

（三）更换 Windows Media Player 面板

Windows Media Player 提供了多种不同风格的面板供用户选择。用户若要更换 Windows Media Player 面板，可执行如下操作：

1. 打开 Windows Media Player 窗口。

2. 单击“切换到外观模式”按钮或“外观选择器”按钮，如图 6-21 所示。

图 6-21

3. 选择一种外观模式如图 6 - 22 所示，单击外观模式中的“应用外观”按钮，可返回到图 6 - 23 所示的模式。

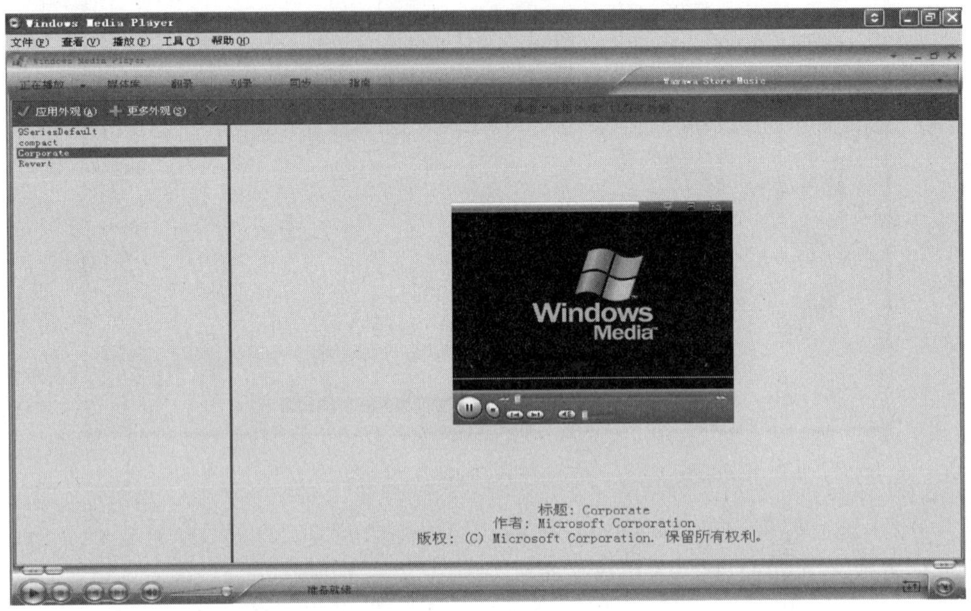

图 6 - 22

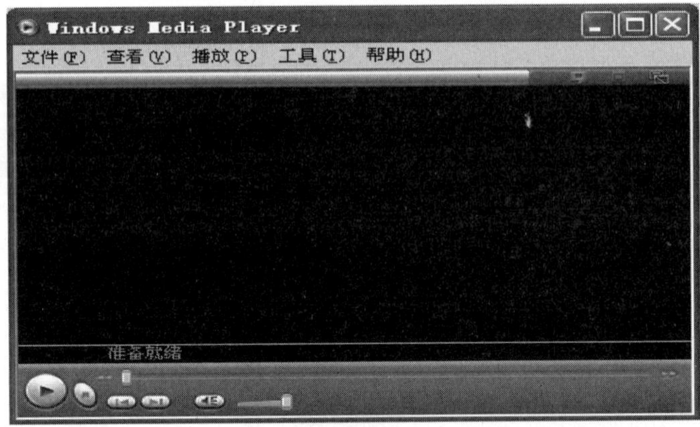

图 6 - 23

四、知识拓展

（一）功能任务栏的使用

在 Windows Media Player 的窗口上部有一栏按钮（见图 6 - 24），通过单击它们可以切换到相应的功能。单击“正在播放”可以从显示区看到正在播放的媒体文件；单击“媒体库”可以显示用户计算机中的各种多媒体文件；单击“翻录”可以从音频 CD 翻录音乐；单击“刻录”可以将文件刻录到 CD；单击“同步”可以将文件同步到便携设备；单击“指南”可以从 Internet 上搜索媒体文件。

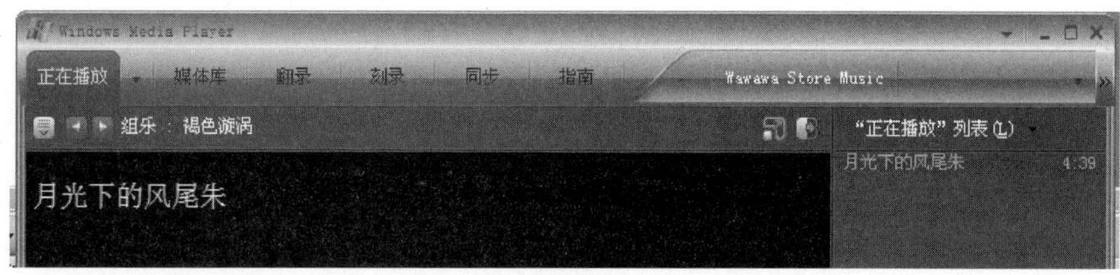

图 6－24

(二) Windows Media Player 支持的文件类型

Windows Media Player 并不能播放所有格式的多媒体文件，它支持的文件类型如表 6－1 所示。

表 6－1　　Windows Media Player 支持的文件类型一览表

文件类型（格式）	文件扩展名
CD 音频文件	CAD
音频交换文件格式（AIFF）	AIF、AIFC、AIFF
Windows 媒体音频和视频文件	ASF、ASX、WAX、WM、WMA、WMD、WMV、WVX、WMP、WMX
Windows 音频和视频文件	AVI、WAV
Windows Media Player 外观文件	WMZ、WMS
Intel Indeo 视频技术文件	IVF
AU（UNIX）文件	AU、SND
MP3 文件	MP3、M3U
DVD 视频文件	VOB
运动图像专家组（MPEG）文件	MPEG、MPG、MIV、MP2、MPA、MPE、MP2V、MPV2
乐器数字接口（MIDI）文件	MID、MIDI、RMI

课后作业

1. 使用 Windows Media Player 播放一首音乐或一段视频。
2. 根据个人爱好，修改 Windows Media Player 面板外观。

任务三　使用 Windows XP 的"录音机"程序

如果用户的计算机配有麦克风，那么就可以使用 Windows XP 自带的"录音机"程序自己录制一些声音文件。自己录制的声音文件有很多用途：可以将它们添加到 Power Point 中，也可以在 Windows XP 系统中使用（例如打开窗口或者菜单时，或者是出现错误信息时，可以通过 Windows XP 系统设置音效），还可以将这些文件插入到文档、电子表格等文件中。

一、任务描述

使用“录音机”录制声音和播放声音。

二、操作要点

1. 使用“录音机”录制声音。
2. 使用“录音机”播放声音。

三、操作步骤

（一）启动“录音机”

在 Windows XP 操作系统的桌面上单击“开始”→“程序”→“附件”→“娱乐”→“录音机”命令，打开“录音机”窗口，如图 6－25 所示。其中包括以下一些组成部分：标题栏、菜单栏、显示区和一组录播控制按钮等。

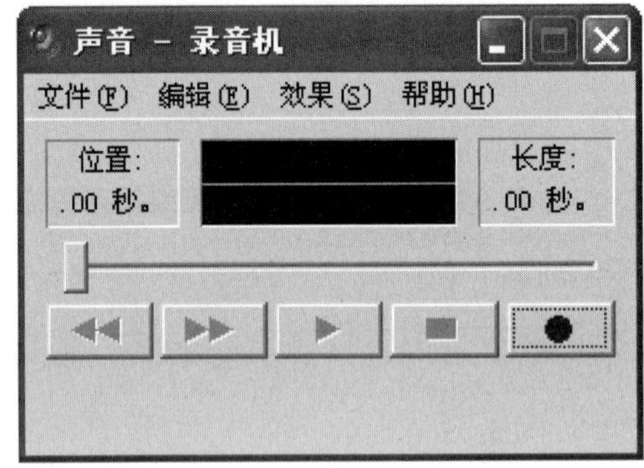

图 6－25

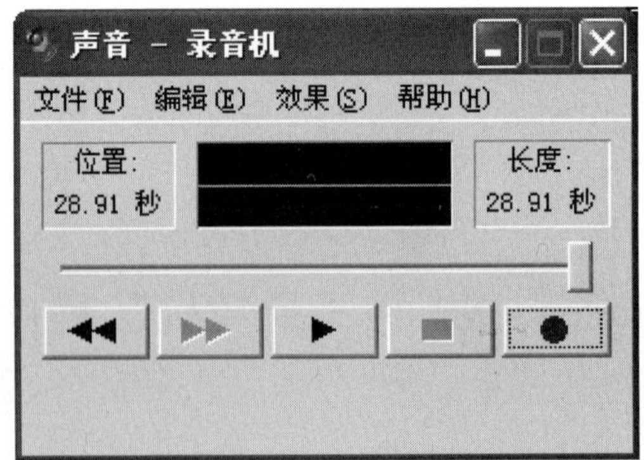

图 6－26

（二）录制声音

要想顺利地完成录音，必须要选择声音来源。下面我们介绍“麦克风”的录制方式（当然也可以选择线路输入或 CD 音频等方式来录音），具体操作方法如下：

1. 确保麦克风已接到系统的声卡上。

2. 在“录音机”窗口中单击“文件”菜单中的“新建”命令。

3. 单击控制键上的“录音”按钮（红色圆点按钮），如图 6－25 所示，这时对着麦克风就可以进行录音了。

4. 单击“停止”按钮，即可停止录音，如图 6－26 所示。

录音完毕后，单击“播放”按钮可以听到刚刚的录音效果，如果不满意，可重新录制。如果希望保存录音，可以点击文件菜单中的保存命令将这个声音文件保存起来。

（三）播放声音

如果想播放已经存在的一段声音，具体操作步骤如下：

1. 选择“文件”菜单中的“打开”命令，并在弹出的“打开”对话框中选择要播放的文件。

2. 选择完声音文件后单击“打开”按钮，即可返回录音机的程序窗口。此时，录音机的程序窗口中将显示当前打开文件的一些基本数据，如：长度、波形等，如图 6－27 所示。

图 6－27

3. 单击“播放”按钮，即可播放当前声音文件的录音。

四、知识拓展

Windows XP 中的“录音机”程序除了可以录制和播放数字声音外，还能提供声音的修正及混音效果，但是它允许的录音时间太短，只有一分钟的录音长度。

课后作业

1. 使用 Windows XP 附件中的“录音机”程序录制用户自己唱歌的一段声音。

2. 使用 Windows XP 附件中的“录音机”程序播放用户录制的声音文件。

任务四 使用 Windows XP 的 Windows Movie Maker 程序

Windows Movie Maker 是 Windows XP 新增的一个可以进行多媒体的录制、组织、编辑等操作的应用程序，可使用户随心所欲地制作电影。通过使用 Windows Movie Maker，用户可以自己当导演，录制音频和视频素材并导入素材文件，然后对其进行编辑和整理，最终制作出具有个人风格的电影。用户可以制作电影来发布新闻、提供娱乐、销售产品、交流商业信息或进行远程学习。用户既可以在自己的计算机上观看制作出的电影，也可通过电子邮件将其发送给他人，或将其公布在某个 Web 服务器上。

一、任务描述

使用 Windows Movie Maker 制作出具有个人风格的电影文件。

二、操作要点

1. 导入素材；
2. 编辑剪辑素材；
3. 添加视频过渡；
4. 添加片头和片尾；
5. 电影配音；
6. 保存项目；
7. 保存电影。

三、操作步骤

（一）启动 Windows Movie Maker

单击“开始”→“程序”→“Windows Movie Maker”命令，打开 Windows Movie Maker 窗口，如图 6－28 所示。其中包括以下一些组成部分：工具栏、收藏区、监视器和工作区等。

- 工具栏：Windows Movie Maker 中，使用工具栏可以快速执行普通任务；它可以代替菜单的一些功能。要显示或隐藏工具栏，单击“查看”菜单中的“工具栏”命令，然后单击适当的工具栏。
- 收藏区：使用收藏区对录制或导入的音频、视频和静止图像内容进行整理。收藏按名称排列在左边的窗格中，而所选收藏中的剪辑显示在右边的窗格中。剪辑包含在收藏中。可以将剪辑从收藏区拖放到工作区中当前的项目，或拖放到监视器立即进行预览。一个剪辑仅表示一个原始素材文件。

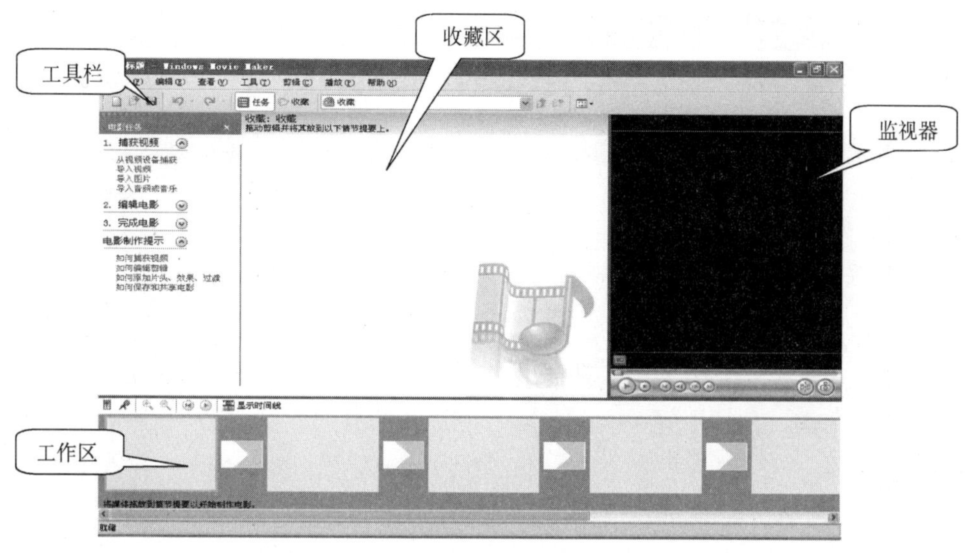

图 6－28

• 监视器：使用监视器来预览视频内容，其中包括一个随着视频的播放而移动的搜索滑块和用于播放视频的监视器按钮。使用监视器来查看单个剪辑或整个项目，还可以在将项目保存为电影之前，使用监视器对其进行预览。

• 工作区：使用工作区对制作的电影进行编辑。工作区由两个视图组成，情节提要和时间线，使用户可以从两个角度来制作电影。工作区是制作和编辑项目的区域。制作完成后，可将项目保存为电影。

（二）导入素材

要将媒体内容输入 Windows Movie Maker 有两种方法：一种是通过数字视频设备（DV）、模拟摄像机或数字摄像头录制素材；另一种是将现有的媒体素材文件导入 Windows Movie Maker。

1. 录制新视频。要制作视频文件首先是要将视频资料录制进来，不论来源是录影带、VCD、摄像机等等都可以。单击左边窗口中的“捕获视频”→“从视频设备捕获”按钮，在如图 6－29 所示弹出的对话框中选择设置信息后，单击“下一步”，一直到出现如图 6－30所示窗口，单击“开始捕获”按钮即可开始录制视频过程，单击“停止捕获”按钮停止录制，单击“完成”按钮创建剪辑。

2. 文件导入多媒体剪辑素材

除了自己动手录制剪辑素材以外，如果本地电脑中已存储了现成的多媒体文件，也可以将其导入作为剪辑素材的一部分。

（1）单击左边窗口中的“捕获视频”右边向下箭头，展开子菜单，根据需要选择“导入视频”、“导入图片”、“导入音频或音乐”按钮，在如图 6－31 所示弹出的对话框中选择要导入的文件，可以一次选中多个文件导入。

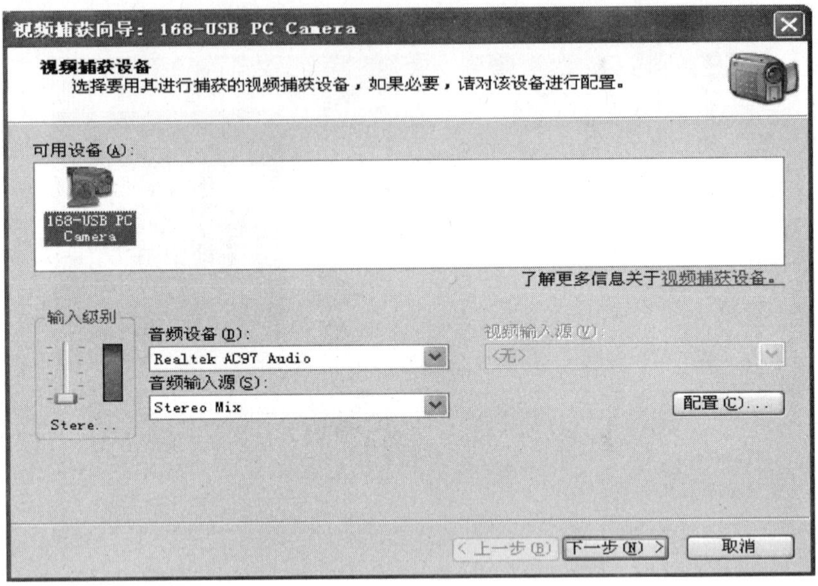

图 6－29

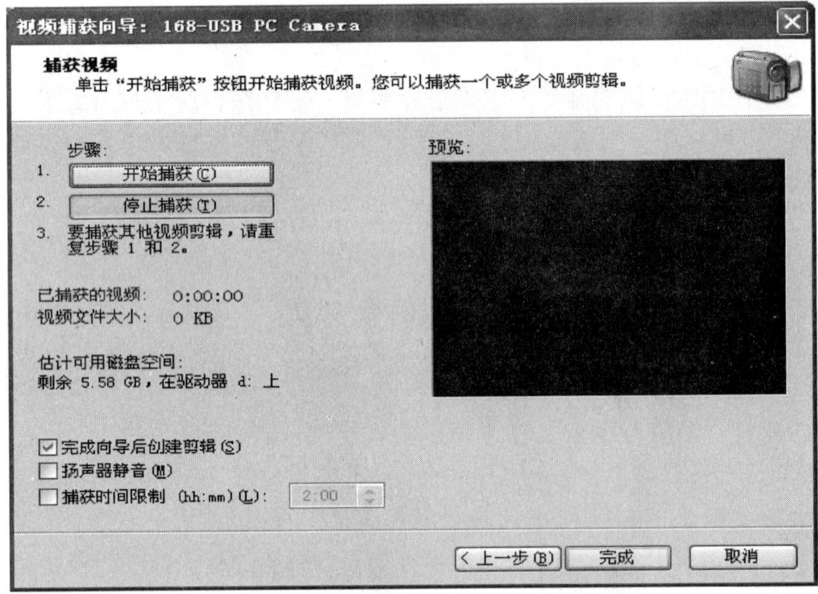

图 6－30

（2）单击“导入”按钮，将素材导入到“收藏”文件夹中，并在“内容”窗格显示出导入内容的缩略图，如图 6－32 所示。

需要注意的是：导入文件的源文件仍保留在被导入时的位置。Windows Movie Maker 并不存储该源文件的副本，而是创建引用该原始源文件的剪辑并在“内容”窗格中显示出该剪辑。如果被导入的原始源文件被移动或删除，将导致该文件对应的剪辑不可用。

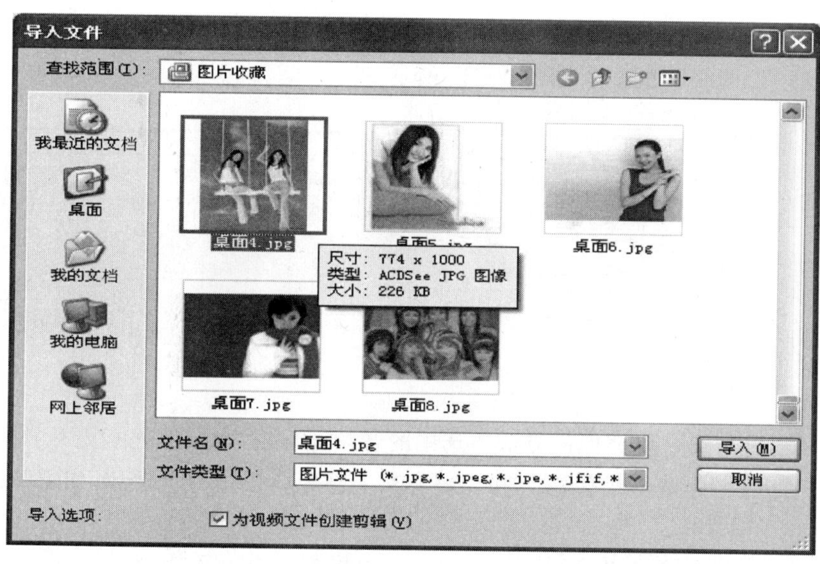

图 6 - 31

图 6 - 32

（三）编辑剪辑素材

1. 剪裁剪辑的操作步骤：

第一步： 在收藏区中的要被添加到电影中的图片或其他素材上单击鼠标右键，在弹出的快捷菜单中选择“添加到情节提要”命令，或者直接用鼠标拖动选中的素材添加到情节提要框中。

第二步： 重复第一步，将所有需添加到情节提要框中的素材添加至情节提要框。选中情节提要框中的剪辑，单击鼠标右键选择“删除”命令或按“Delete”键，可以实现删除操作。鼠标拖动情节提要框中的素材可以调整剪辑的先后顺序。

第三步：单击情节提要框中的“显示时间线”按钮或单击“查看”→“时间线”菜单命令，切换到“时间线”视图，如图 6－33 所示。

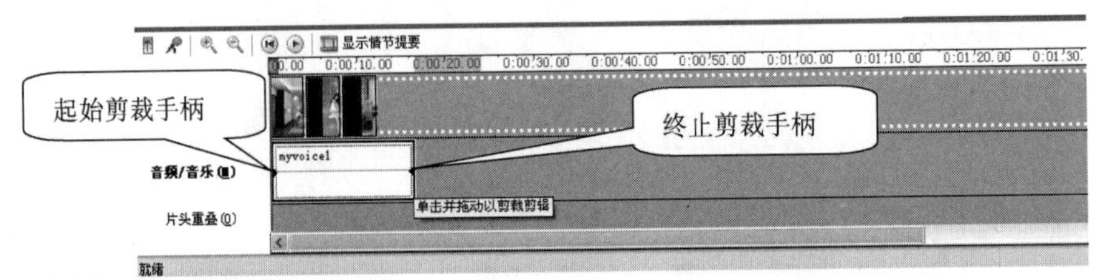

图 6－33

第四步：通过与第一步类似的方法将选中的音频剪辑添加到“音频/音乐”轨上。

第五步：拖动“起始剪裁手柄”和“终止剪裁手柄”调整音频编辑和视频编辑的长度及起点和终点。

第六步：单击监视器的“播放”按钮，可对电影文件进行播放测试。

2. 拆分视频剪辑或音频剪辑

第一步：在“内容”窗格中或“情节提要/时间”线上，单击要拆分的剪辑。

第二步：单击“播放”→“播放剪辑”菜单命令，然后再单击“播放”→“暂停剪辑”菜单命令，或单击监视器上暂停按钮，使视频或音频在要进行拆分的点暂停。

第三步：单击“剪辑”→“拆分”菜单命令，或单击监视器上拆分按钮，使视频或音频在暂停点进行拆分。

3. 合并已拆分的音频剪辑或视频剪辑

第一步：在“内容”窗格中或“情节提要/时间”线上，按住“Ctrl”键选择要合并的连续剪辑。要选择连续的剪辑，可以单击第一个剪辑，按住“Shift”键，然后单击最后一个剪辑。新剪辑将使用这组剪辑中的第一个剪辑的名称和属性信息，而且时间也将进行相应的调整。

第二步：单击“剪辑”→“合并”菜单命令。

（四）添加视频过渡

第一步：在“情节提要/时间”线上，选择要添加过渡的两段视频剪辑（或两张图片）中的第二段剪辑（或第二张图片）。

第二步：单击“工具”→“视频过渡”菜单命令。

第三步：在“内容”窗格中，单击选择要添加的视频过渡，如“色轮，四幅”，如图 6－34 所示。

第四步：添加视频过渡。有两种方法：

（1）单击“剪辑”→“添加到时间线”或“添加至情节提要”菜单命令。

（2）将“视频过渡”拖到时间线上，并将其放在“视频”轨上的两段剪辑之间或在情节提要上，将“视频过渡”拖到两段视频剪辑或两张图片之间的“视频过渡”单元格上。

单击“播放”按钮，预览使用“视频过渡”的效果。

图 6－34

（五）添加片头或片尾

第一步： 单击“工具”→“片头和片尾”菜单命令。

第二步： 在“要将片头添加到何处?”页面，选择要将片头添加的位置，在弹出的窗口中输入要作为片头显示的文本。如图 6－35 所示。

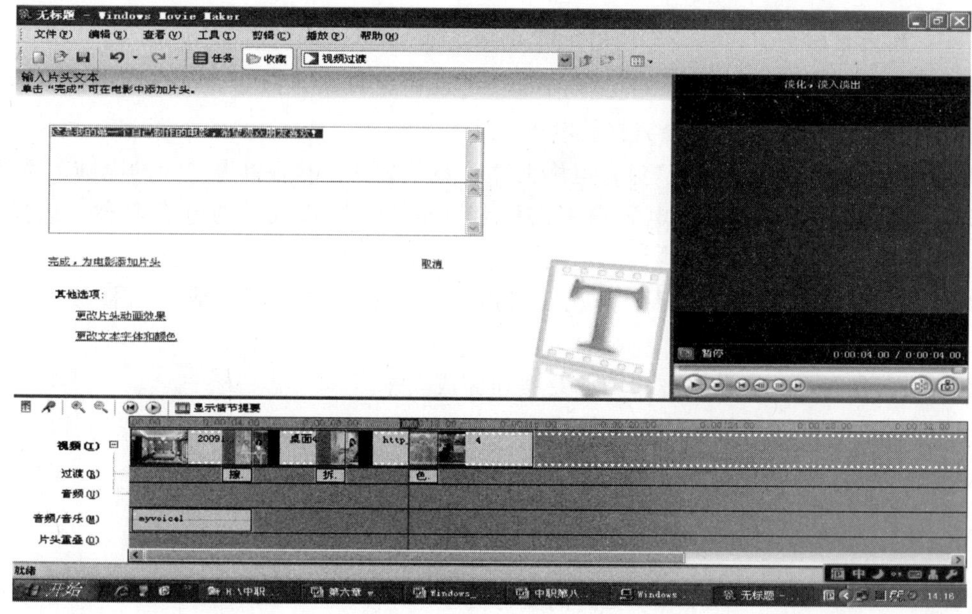

图 6－35

第三步：在图 6－35 中，单击“更改片头动画效果”超链接，然后在“选择片头动画”页面中，从列表中选择自己满意的片头动画。

第四步：单击“更改文本字体和颜色”超链接，然后在“选择片头字体和颜色”页面中选择片头的字体、字体颜色、字体大小、格式、背景颜色、透明度和位置。

第五步：单击“完成，为电影添加片头”超链接，即可为电影添加片头。

（六）录制旁白

第一步：将在项目中的所有视频剪辑、图片、片头或片尾添加到情节提要/时间线上。

第二步：单击“旁白时间线”按钮，在时间线上将播放指示器（显示为带垂直线的方块）移动到该时间线上“音频/音乐”轨为空且要开始旁白的点上。

第三步：单击“开始旁白”按钮，开始为时间线上的内容添加旁白。

注意：如果选中“将旁白限制在音频/音乐轨上的可用空间内”复选框，则会在到达时间限制后停止为时间线添加旁白；如果取消选中“将旁白限制在音频/音乐轨上的可用空间内”复选框，则在完成为时间线上的内容添加旁白之后单击“停止旁白”按钮。

第四步：在“文件名”框中，为已捕获的音频旁白键入名称，单击“保存”按钮保存旁白文件。所捕获的音频旁白将自动导入到当前的收藏中，并且旁白会自动添加到“音频/音乐”轨上最开始旁白的那个点上。

（七）保存项目

单击“文件”→“保存项目”菜单命令，在打开的“文件名”框中键入文件名，单击“保存”按钮保存项目文件，Windows Movie Maker 的项目文件扩展名为“. mswmm”。

（八）保存电影

项目编辑结束后，使用“保存电影向导”可以快速将项目保存为最终的电影，项目的计时、内容和布局将保存为一个完整的电影。

第一步：单击“文件”→“保存电影文件”菜单命令，然后单击“我的电脑”选项。

第二步：在“为所保存的电影输入文件名”框中，输入取好的电影名称，选择保存位置。

第三步：如果要在完成向导后马上观看电影，选中“单击‘完成’后播放电影”复选框。

第四步：保存电影后，单击“完成”按钮完成操作。

电影保存后，除了可以直接观看外，还可以将电影刻录到 CD 上，或者以附件的形式通过电子邮件发给好友欣赏。

四、知识拓展

（一）Windows Movie Maker 支持的文件类型

Windows Movie Maker 并不能支持所有格式的多媒体文件，它支持的文件类型如表 6－2 所示。

表 6 – 2 **“Windows Movie Maker” 支持的文件类型一览表**

文件类型	文件扩展名
音频文件	AIF、AIFC、AIFF、ASF、AU、MP3、MP2、MPA、SND、WAV、WMA
视频文件	ASF、AVI、MIV、MP2、MP2V、MPE、MPEG、MPG、MPV2、WM、WMV
图片文件	BMP、DIB、EMF、GIF、JPE、JPEG、JPG、PNG、TIF、TIFF、WMF

（二）片头重叠

通过“片头重叠”轨，可以看到已添加到时间线的所有片头或片尾，可以在电影的不同地方将多个片头添加到此轨道中，片头将与显示出的视频重叠。可以拖动在选中片头时出现的起始剪裁手柄或终止剪裁手柄来延长或缩短其持续的时间。

（三）编辑剪辑

1. 剪裁剪辑。剪裁剪辑可以隐藏不在项目中使用的剪辑片段。剪裁并不是从素材中删除信息，可以随时通过清除剪裁点来将剪辑恢复为原来的长度。只有将剪辑添加到“情节提要/时间线”后才能进行剪裁。

2. 拆分剪辑。拆分剪辑可以将一个视频剪辑拆分为两个剪辑。如果要在剪辑中插入图片或视频过渡，拆分剪辑功能将非常有用，可以拆分当前项目的“情节提要/时间线”上显示的剪辑，也可以拆分“内容”窗格中的剪辑。

3. 合并剪辑。合并剪辑可以合并两个或多个连续的视频剪辑。连续剪辑表示一个剪辑的结束时间与下一个剪辑的开始时间相同。

（四）电影配音

电影中有时需要添加旁白，以便与视频剪辑、图片、片头或已添加到“情节提要/时间线”的其他素材保持同步。通过录制声音旁白，可以为电影配音，增强电影效果。

（五）视频过渡

过渡在一段剪辑刚结束，而另一段剪辑开始播放时进行播放。视频过渡是控制电影如何从播放一段剪辑或一张图片过渡到播放下一段剪辑或下一张图片。Windows Movie Maker 包含多种可以添加到项目中的过渡，系统预设的过渡保存在“收藏”窗格中的“视频过渡”文件夹中。用户可以在“情节提要/时间线”的两张图片、两段剪辑或两组片头之间以任意的组合方式添加过渡。

（六）片头和片尾

用户可以通过片头和片尾给电影添加文本信息来增强其效果，如电影片名、制作人、制作日期、演员列表等的信息。

（七）保存项目

项目是指包含添加到“情节提要/时间线”的视频和音频剪辑、视频过渡、视频效果和片头的顺序和计时信息。保存项目，可以保存当前的工作至硬盘，然后可在需要时使用Windows Movie Maker打开该文件进行进一步的修改，也可以从上次保存项目时所处位置继续编辑项目。在保存项目时，添加到“情节提要/时间线”中的剪辑的排列顺序及视频过渡、视频效果、片头、片尾和其他编辑都被保留。

课后作业

1. 以“青春校园”为主题搜集一些图片、视频、音频素材，制作成电影，要求电影中含片头、片尾、旁白、视频过渡。

2. 保存为电影文件后，使用Windows Media Player播放欣赏自己制作的电影。

第七章
软硬件资源的管理

一个完整的计算机系统是由软件系统和硬件系统两个部分组成。其中硬件系统是组成计算机的各种硬件设备的总称，是计算机实现各项功能的基础；而软件系统则是为运行、管理和维护计算机所编制的各类程序及文件的总称。在计算机中安装的各类硬件设备和各种软件需要通过一定的安装流程才能成为其计算机的软硬件资源，有效地实现功能。当计算机已有的软件或硬件设备不需要使用或因其他原因需要移除时，也要通过卸载等手段完成。

任务一　在计算机操作系统中安装、卸载软件

一、任务描述

在计算机操作系统中进行安装或卸载应用软件。

二、操作要点

1. 有效的软件安装文件；
2. 安装的操作与步骤；
3. 使用“控制面板”中的“添加和删除程序”进行卸载软件操作。

三、操作步骤

（一）安装迅雷下载软件

1. 双击计算机中已存储的迅雷下载软件安装文件，一般有三种有效的安装文件，见图 7－1。

图 7－1

其中大型软件的安装文件一般主要以 install. exe 或者是 setup. exe 为文件名。现在很多商业化的软件都会将所有程序封装成一个安装文件，并以软件名加版本号的形式命名，例如图 7－1 中的迅雷下载软件的安装文件。

2. 进入欢迎安装及许可协议界面（图 7－2），阅读完用户许可协议后单击“接受”按钮。

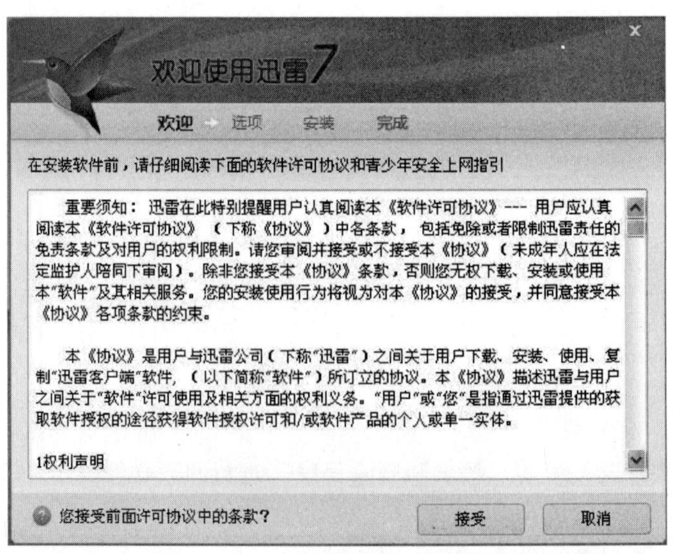

图 7－2

3. 进入安装路径和插件设置界面（图7－3），在该界面下主要设置迅雷下载软件的安装路径，一般默认的路径为“c：\ program files \ ……”如果需要自行设置可选择在输入框中直接输入☑路径，也可以单击“浏览”按钮（图7－4），进行鼠标单击选择路径。在输入路径下面是安装的插件设置复选框，通过鼠标单击选项来取消插件的安装（图7－5）。

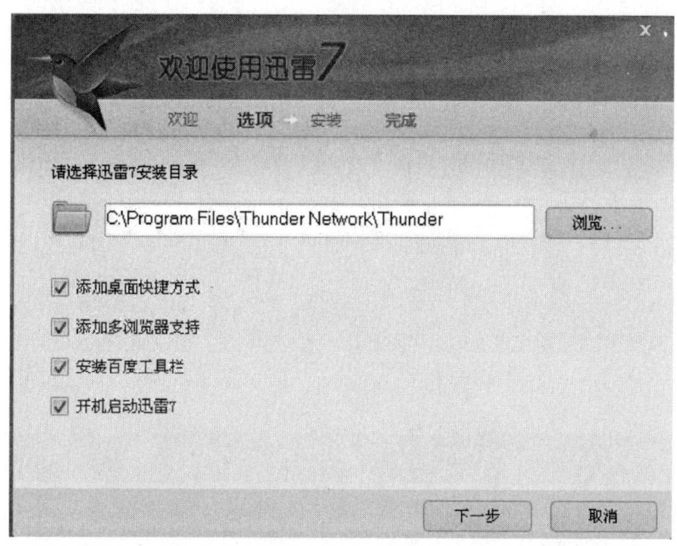

图7－3

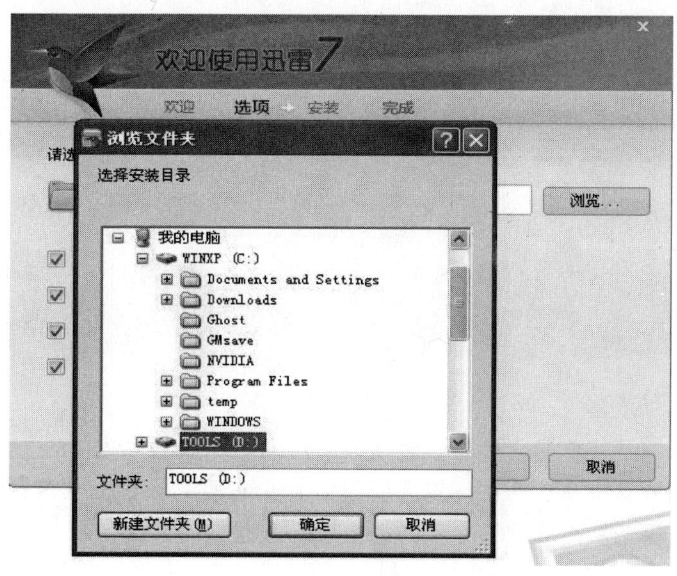

图7－4

4. 完成安装（如图7－6所示），如果同意迅雷软件完成安装时设定，直接单击“完成”按钮；如果需要自定义设置可以在单击☑取消勾选后再点击“完成”按钮。

（二）从计算机操作系统卸载软件

当计算机系统中已安装的软件出现故障或者不再使用时，就可以将该软件移除计算机系

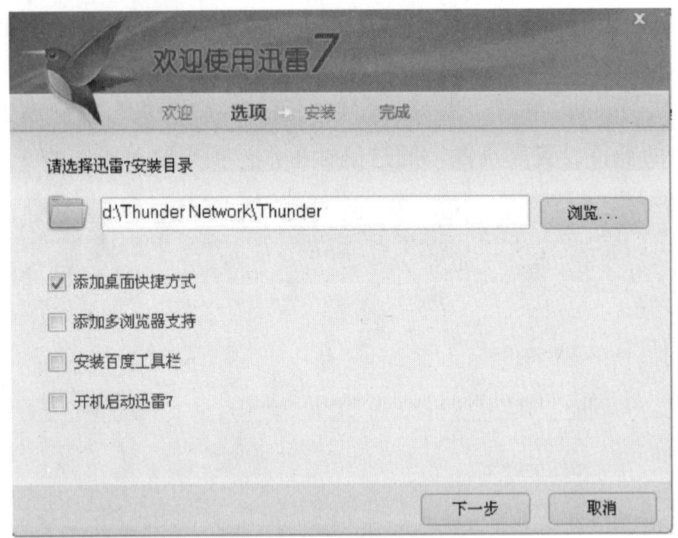

图 7-5

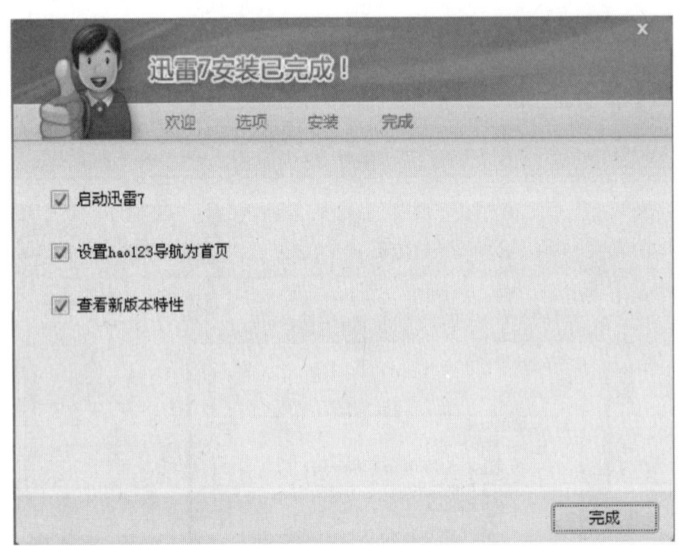

图 7-6

统。这里需要注意的是，不能直接从安装路径下用删除操作删去软件的文件或文件夹，因为这样的删除会导致计算机系统存在该软件的残余文件（如注册表文件等），从而使得计算机系统出错或运行不流畅。正确的移除软件的方法是卸载软件操作：

1. 通过 uninstall 文件（图 7-7）或者在“开始”菜单中选中该软件子菜单中的“卸载程序”命令项（图 7-8）移除软件。

2. 对于一些软件可能无法找到上述的 uninstall 文件或者在软件程序菜单中没有提供卸载软件命令项的，就需要通过“控制面板”中的“添加或删除程序”来卸载软件。

（1）进入“添加或删除程序”界面的操作。主要有两种方式：

第一，通过“开始”菜单进入“控制面板”界面，通过鼠标单击选中“开始”→“设置”→“控制面板”→“添加/删除程序”，如图 7-9 所示。

图 7－7

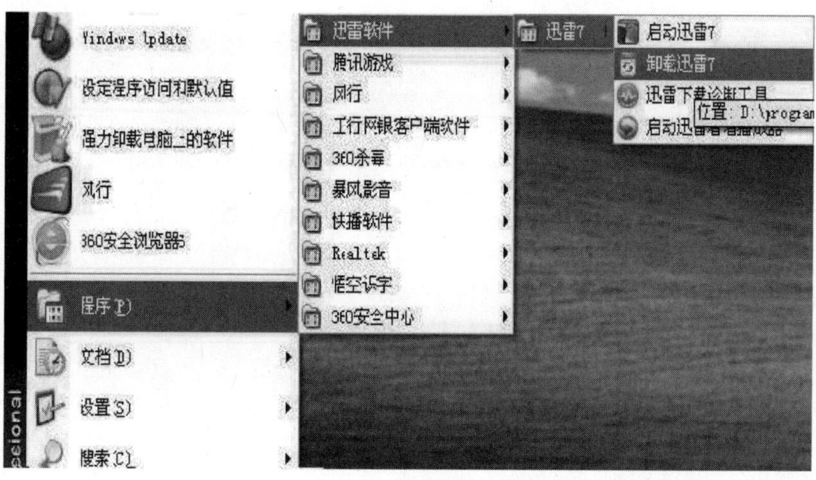

图 7－8

第二，通过“我的电脑”窗口进入“控制面板”界面，在“桌面”上双击“我的电脑”图标打开“我的电脑”窗口，在该窗口左窗格的“其他位置”栏中单击“控制面板”按钮（图 7－10），在“控制面板”窗口下双击“添加或删除程序”图标（图 7－11）。

（2）通过“添加或删除程序”对话框，卸载应用软件。打开“添加或删除程序”对话框（图 7－12），在左侧选中“更改或删除程序”按钮，再从右窗格中找到所要卸载的应用软件，单击选中，然后单击该软件展开后右侧出现的“更改/删除”按钮，如图7－13 所示。

Windows Update
设定程序访问和默认值
强力卸载电脑上的软件
风行
360安全浏览器6
程序(P)
文档(D)
设置(S)
搜索(C)
帮助和支持(H)
运行(R)...
注销 Administrator(L)...
关闭计算机(U)...
Windows XP Professional
开始
Adobe Fla...
第七章
控制面板(C)
网络连接(N)
打印机和传真(P)
任务栏和「开始」菜单(T)
任务栏和「开始」菜单
日期和时间
扫描仪和照相机
声音和音频设备
鼠标
添加或删除程序
添加硬件
网络安装向导
安装或删除程序和 Wi
网络连接
文件夹选项
无线网络安装向导
系统
显示
用户帐户
游戏控制器
语音
字体
自动更新
便携媒体设备
Flash Player
NVIDIA nView Desktop Manager
NVIDIA 控制面板
音效管理员

图 7－9

我的电脑
文件(F) 编辑(E) 查看(V) 收藏(A) 工具(T) 帮助(H)
后退
搜索
文件夹
地址(D) 我的电脑
向上
转到
系统任务
查看系统信息
添加/删除程序
更改一个设置
其它位置
网上邻居
我的文档
共享文档
控制面板
详细信息
我的电脑
系统文件夹
在这台计算机上存储的文件
共享文档
Administrator 的文档
硬盘
WINXP (C:)
TOOLS (D:)
GAMES (E:)
MUSIC (F:)
FILES (G:)
有可移动存储的设备
DVD 驱动器 (H:)
8 个对象
我的电脑

图 7－10

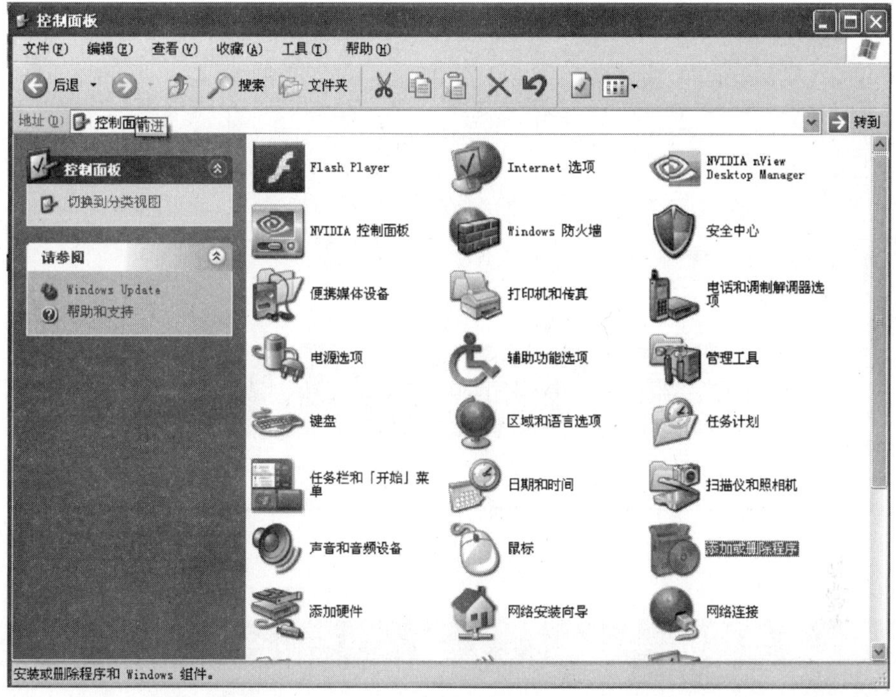

图 7－11

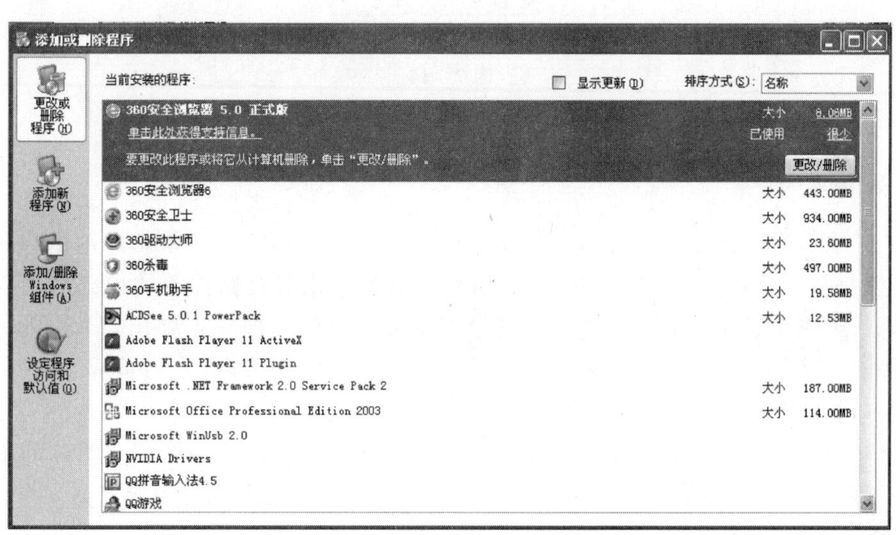

图 7－12

（3）进行应用软件的卸载操作。当单击“更改/删除”按钮后，会弹出删除软件对话框（图 7－14），单击“是”按钮，进入删除过程，最后弹出“完成删除”对话框，选择“完成”按钮。

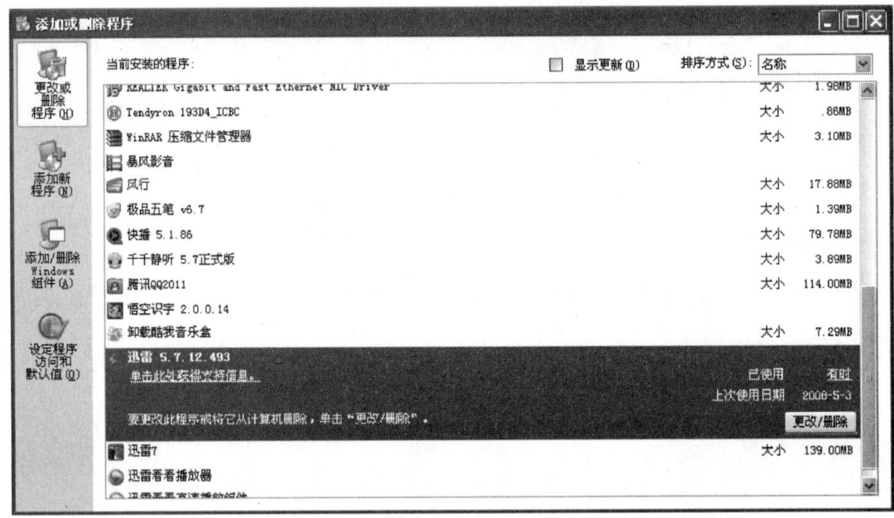

图 7－13

图 7－14

四、知识扩展

1. 在“添加或删除程序”对话框中还可以进行一些计算机操作系统内部的应用程序的添加或删除操作，这里主要是指例如 IIS、游戏、其他应用工具软件等的内部应用程序（见图 7－12），单击对话框左侧的“添加/删除 Windows 组件”按钮，弹出“Windows 组件向导”对话框（图 7－15）。在其中可以通过单击复选框来选中或取消 Windows 组件。完成后单击“下一步”按钮。

2. 如果需要添加或删除的组件在某个组件下，例如“游戏”组件在“附件和工具”组件下，则通过双击该组件弹出对话框，如图 7－16 所示，重复上述选中或取消操作，再单击“确定”按钮。

课后作业

1. 下载“暴风影音”安装文件，并在计算机中完成安装；
2. 通过“添加或删除程序”对话框添加或删除 Internet 信息服务（IIS）组件。

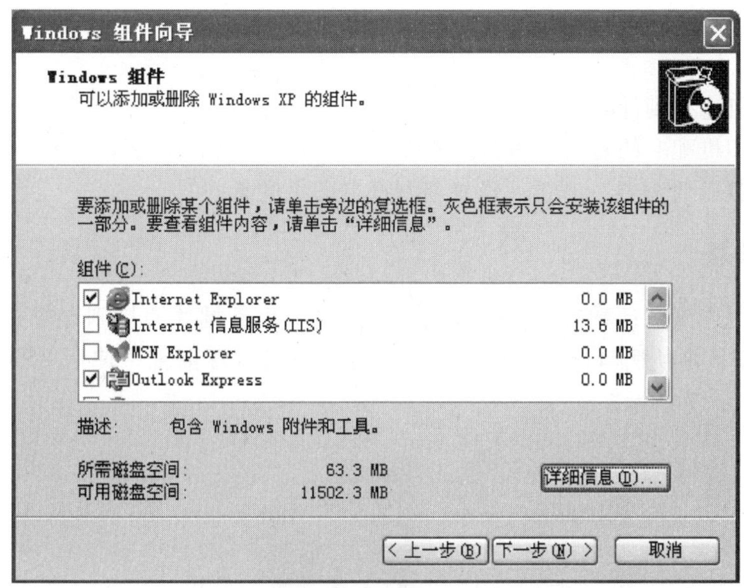

图 7－15

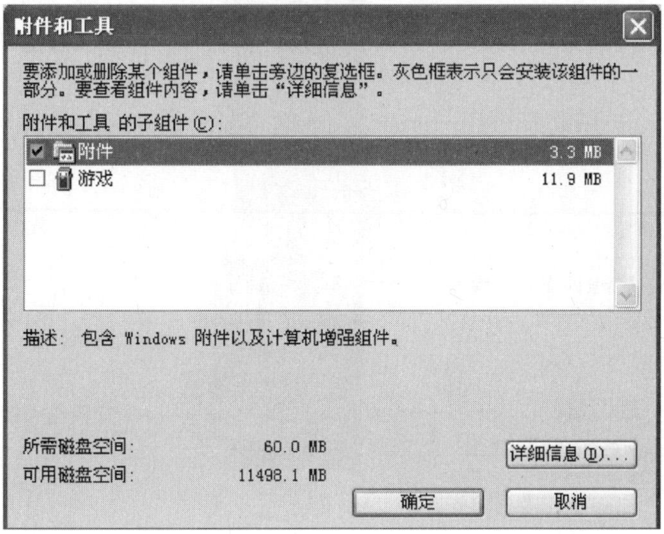

图 7－16

任务二　安装打印机到计算机系统中

一、任务描述

在计算机系统中进行打印机的安装，并安装其驱动程序。

二、操作要点

1. 将打印机连接到计算机；
2. 安装打印机配套的驱动程序到计算机；
3. 使用“设备管理器”查看、设置与测试打印机的状态。

三、操作步骤

1. 将打印机连接到计算机。将打印机的打印接口用数据线连接到计算机的相应数据接口。早期的打印机多使用串行接口连接，现在打印机接口逐渐统一使用 USB 接口。计算机主板接口如图 7 – 17 所示。

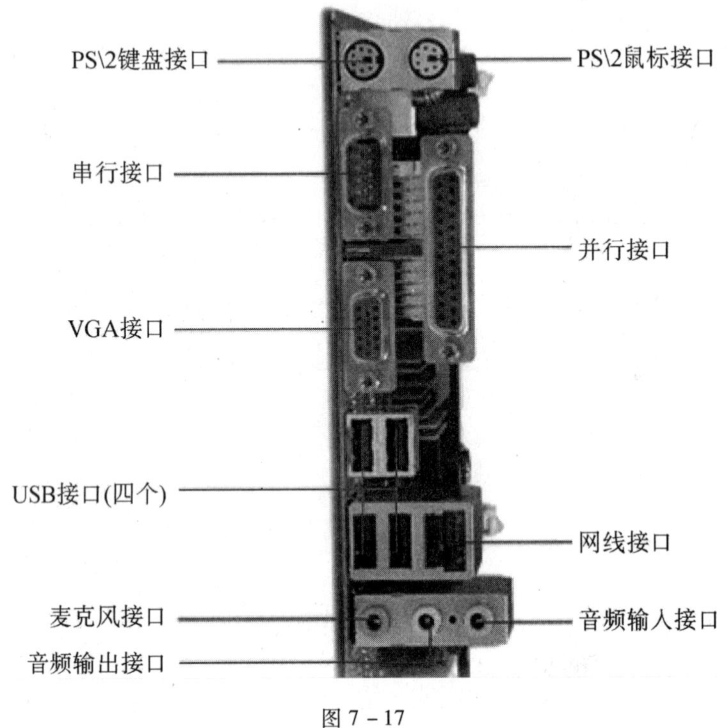

图 7 – 17

打印机能够正常工作的前提除了要将电源接上之外，还需要用数据线将打印机和计算机连接起来。

2. 在计算机系统中安装驱动程序。实现计算机对打印机或其他的硬件设备的控制，总是需要让计算机能够识别该硬件设备，同时还要能够完成计算机和该硬件设备之间的“对话”，这个环节就是给计算机系统安装该硬件设备的驱动程序。

（1）双击准备好的驱动程序安装文件，如图 7 – 18 所示的 setup. exe 文件图标，进入驱动程序安装向导，如图 7 – 19 所示。

（2）在单击“打印机驱动程序—安装向导”对话框下端的“下一步”按钮，进入许可协议确认界面（图 7 – 20），点“是”按钮后，选择打印机连接模式类型界面（图 7 – 21），单击图中“使用 USB 连接安装”单选框，点“下一步”按钮。

图 7－18

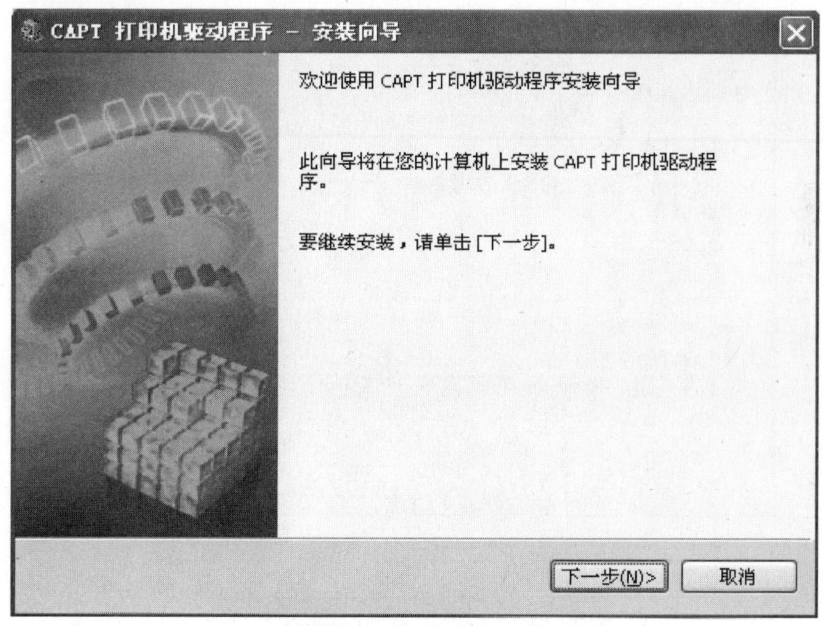

图 7－19

（3）安装打印机驱动前，会弹出一个警告对话框，点“是”按钮（图 7－22）。在安装打印机驱动时，会提示是否连接 USB 数据线，并保证打印机是通电状态（图 7－23）。完成驱动安装后（图 7－24）对话框中点“退出”按钮，如需重启计算机，在点“退出”按钮前勾选“现在重新启动计算机”复选框。

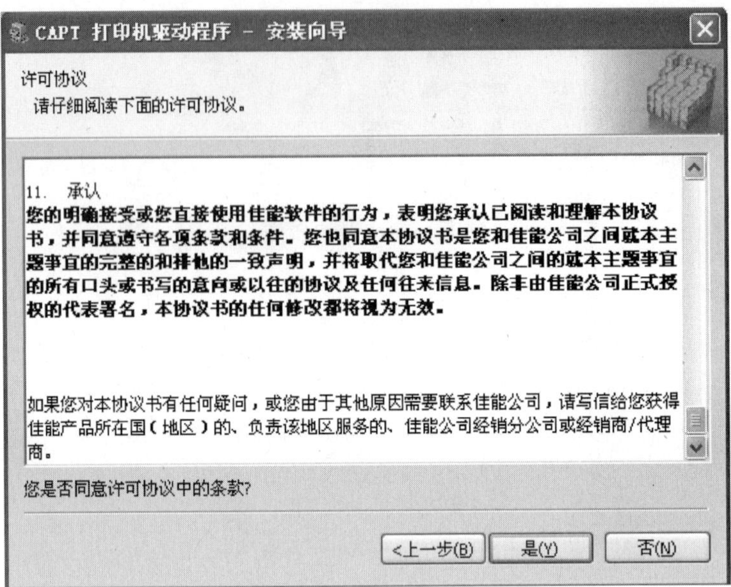

图 7－20

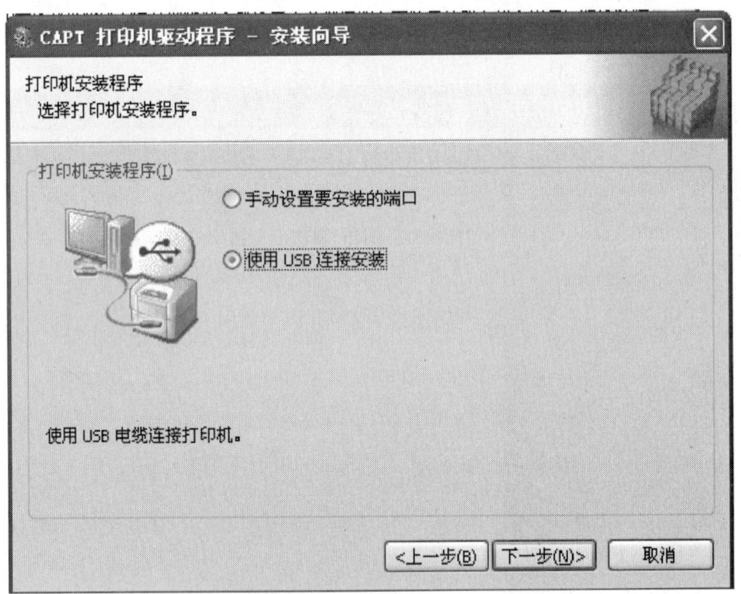

图 7－21

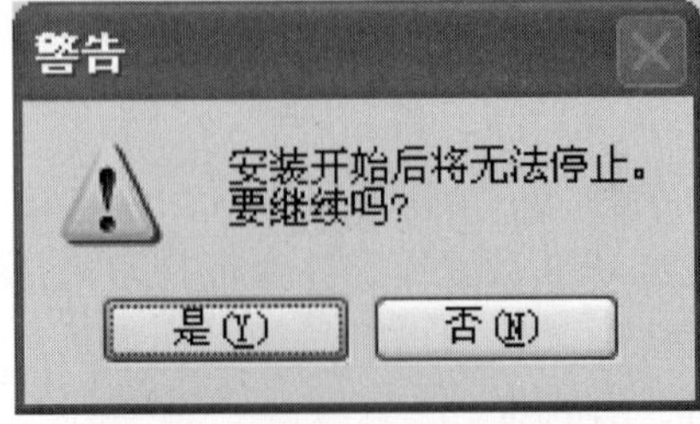

图 7－22

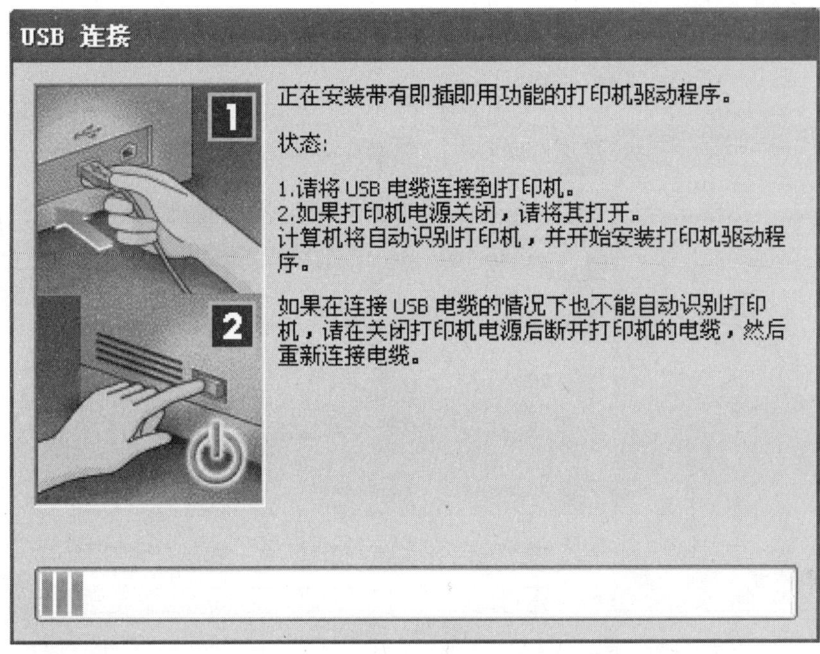

图 7－23

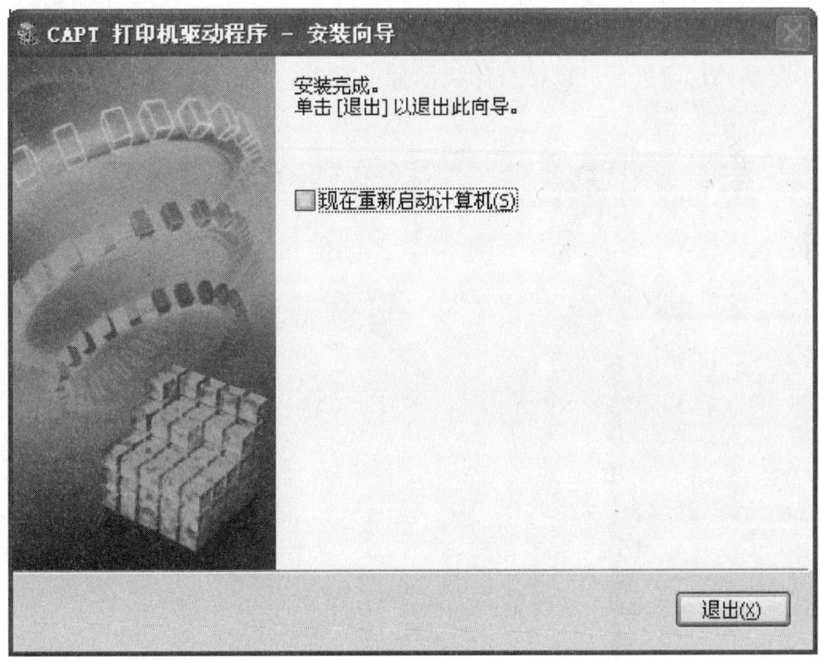

图 7－24

3. 设置打印机。在完成打印机驱动安装后，就可以开始测试并设置打印机，实现打印功能。具体操作步骤如下：

第一步： 打开“控制面板”界面，双击“打印机和传真”图标，如图 7－25 所示。

图 7 – 25

第二步：在“打印机和传真”窗口中查看下，安装的打印机是否是默认打印机（图 7 – 26），主要是在计算机交付打印任务时，会默认选择默认打印机进行打印工作，如果安装的打印机不是默认打印机，可以在打印机图标上右击，弹出快捷菜单（图 7 – 27）后选中“默认打印机”选项。

图 7 – 26

第三步： 在打印机图标上右击，弹出快捷菜单（图 7－28），选中“打印首选项”选项，在“打印首选项”对话框中设置打印机在打印任务时的默认打印方式（图 7－29）。

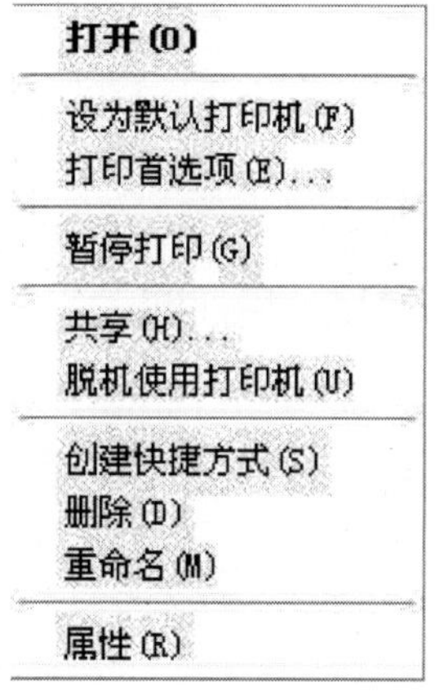

图 7－27

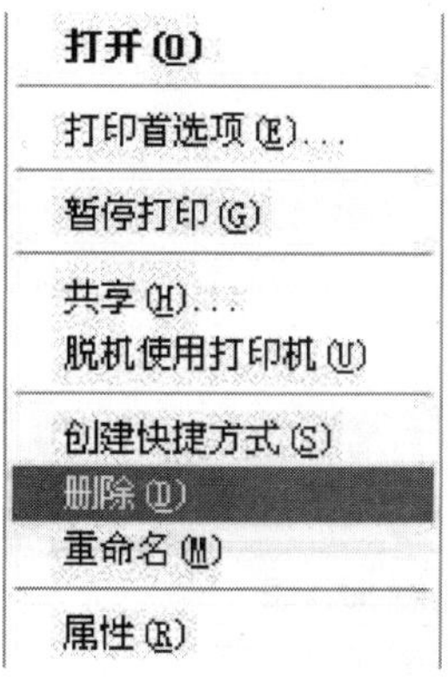

图 7－28

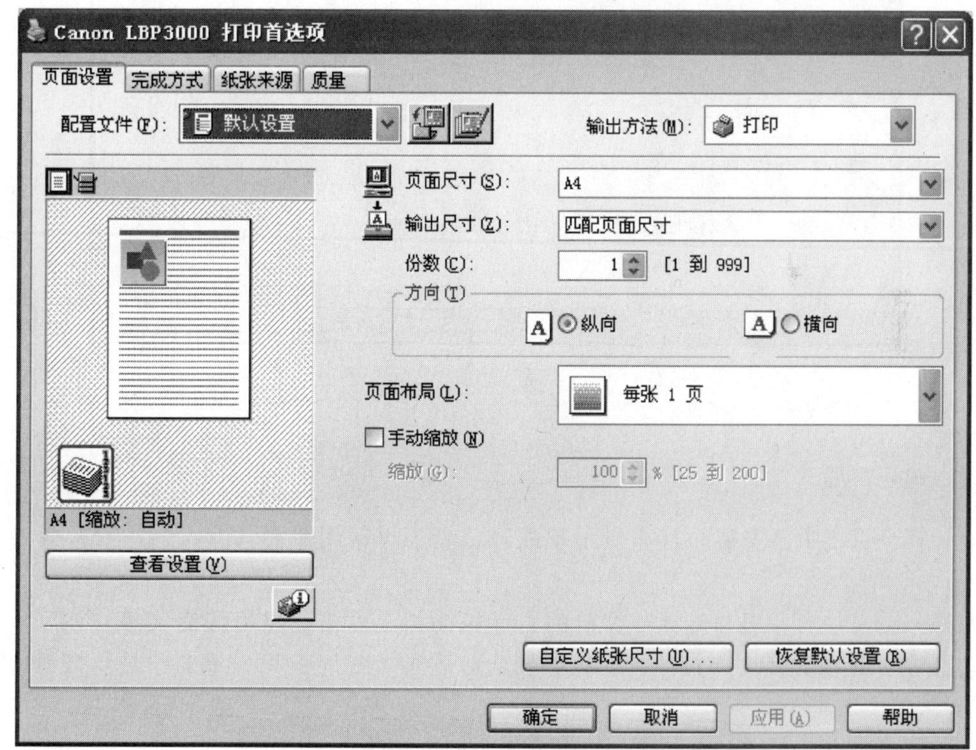

图 7－29

4. 测试打印机。为了检查安装的打印机是否能够正常工作，需要在打印机中打印测试任务。在“打印机和传真”窗口中双击打印机图标，弹出打印机任务窗口（图 7－30），点开“打印机”菜单，选择“属性”选项，在弹出的“打印机属性”对话框（图 7－31）的“常规”选项卡中点击“打印测试页”按钮。

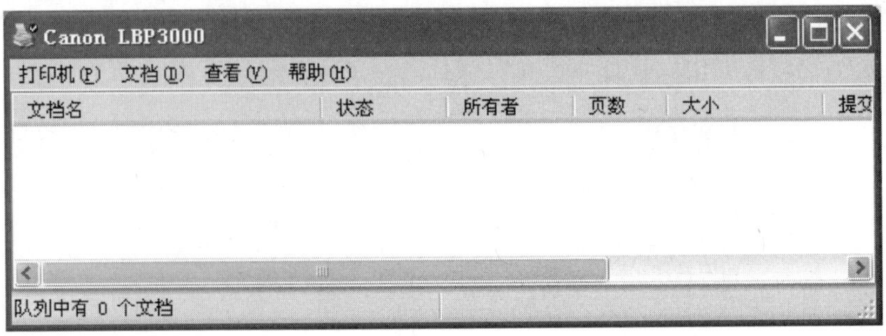

图 7－30

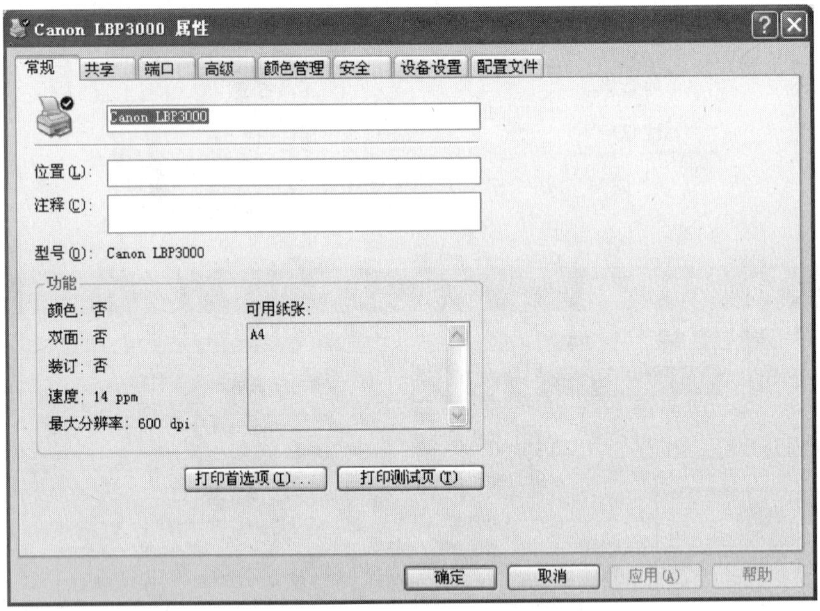

图 7－31

四、知识扩展

当计算机系统中已安装的打印机出现故障或者不再使用需要移除时，一般有两种方式移除：

方法一：在“打印机和传真”窗口的打印机图标上右击，弹出快捷菜单（图 7－28），选中“删除”选项，弹出“打印机”删除确认对话框（图 7－32），单击“是”按钮。

图 7－32

方法二：在“开始”菜单中选择卸载打印机驱动程序，也可以将打印机移除。

课后作业

1. 在计算机中安装一个扫描仪驱动程序。
2. 在计算机中删除扫描仪。

任务三　通过“显示属性”对话框进行桌面背景设置

一、任务描述

通过使用“显示属性”对话框设置个性桌面。

二、操作要点

1. 打开“显示属性”对话框；
2. 在“显示属性”对话框进行各类功能结构及设置操作；
3. 设置个性桌面的相关操作。

三、操作步骤

1. 在桌面的空白处右击，在弹出的快捷菜单（图 7－33）中选中“属性”命令项，打开“显示属性”对话框，如图 7－34 所示。

图 7－33

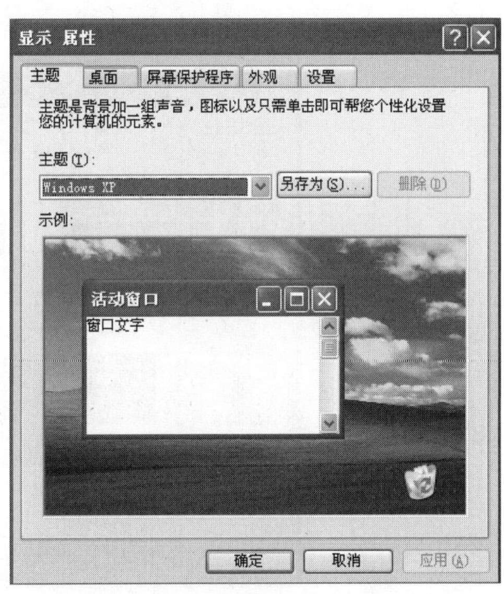

图 7－34

2. 在“显示属性”对话框中通过鼠标单击选中“桌面”选项卡，如图 7－35 所示；在“背景”列表框中选择一个图片或者 HTML 文件，列表框上方的“显示预览”框会显示预览效果，如图 7－36 所示，选择完成后，单击下方的“应用”按钮，即可完成桌面背景设置。

图 7－35

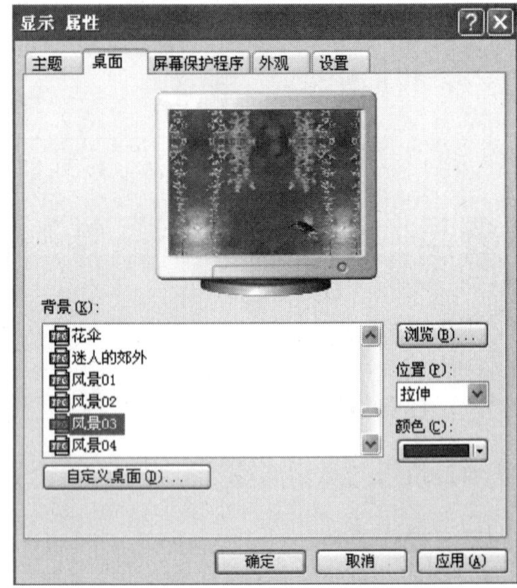

图 7－36

3. 当需要自定义的图片文件作为桌面背景设置时，单击“背景”列表框右侧的“浏览”按钮，弹出“浏览”对话框（图 7－37），并在“浏览”对话框中选择所要设置为桌面背景的图片文件，单击“打开”按钮。图片文件就存在于“背景”列表框里，单击“应用”按钮。能够作为桌面背景的图片文件格式有 BMP、GIF、JPG 和 JPEG，当设置的图片格式为 GIF 文件，那么这时的桌面就是动态背景的。如果自定义的图片大小不能满足显示器的分辨率，则可以通过“位置”下拉列表框里选定以“居中”、“平铺”或“拉伸”方式显示。

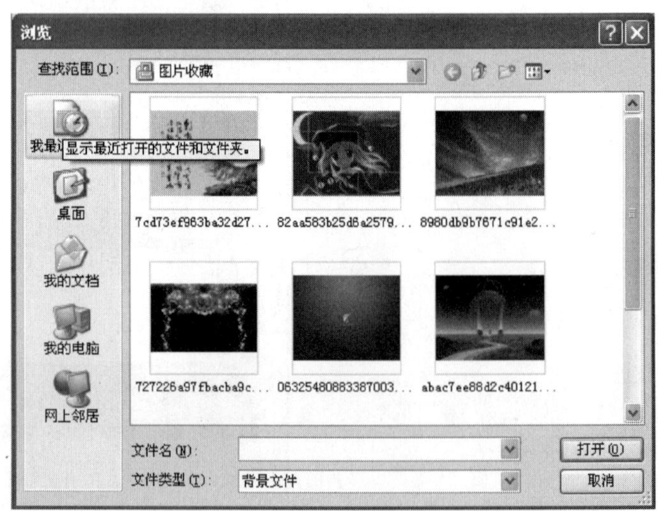

图 7－37

4. 不设置桌面背景的操作。当在“背景”列表框中选择“无”选项时，桌面背景将不再是图片，而是单色的，如图7-38所示。背景颜色在“颜色”下拉列表框中设置，用户可以通过“颜色”下拉列表框中的“其他……”按钮来自定义桌面背景颜色（图7-39）。

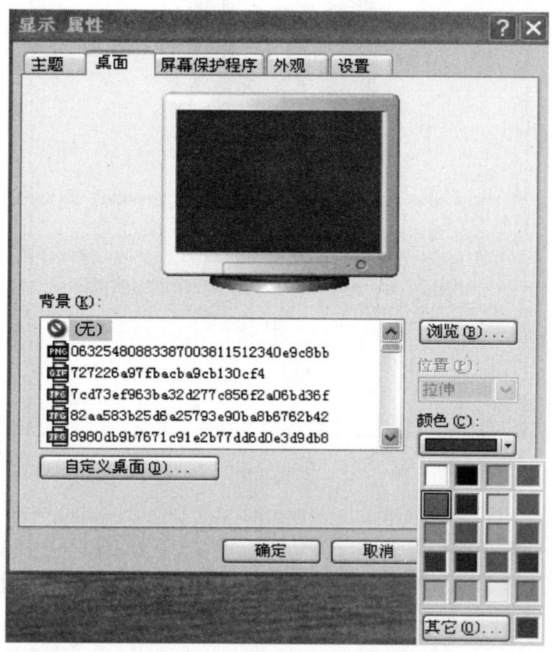

图7-38

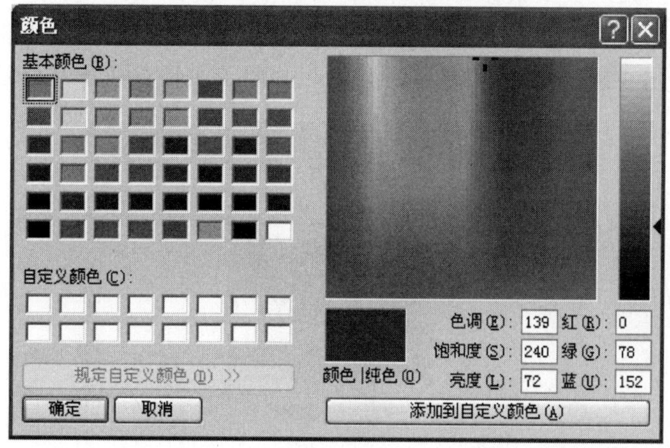

图7-39

四、知识扩展

1. 在“显示属性”对话框中，还可以设置一些关于显示器显示效果方面的功能。比如可以设置屏幕的分辨率。具体操作步骤：首先，打开“显示属性”对话框，单击“设置”选项卡；接着，在“设置”选项卡中在“屏幕分辨率”标尺上用鼠标左右拖动滑块，这样就可以调节分辨率了，如图7-40所示。

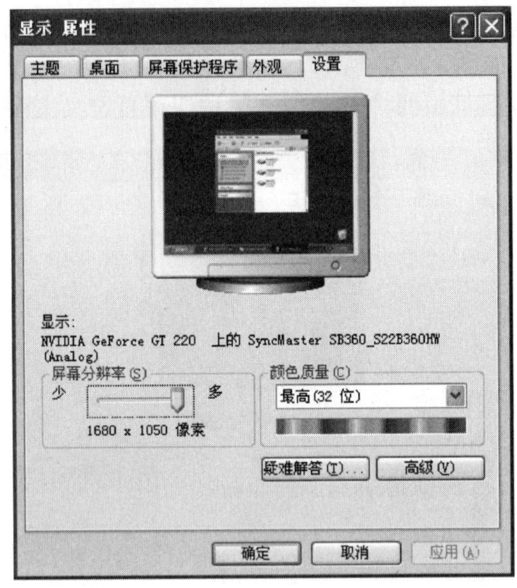

图 7－40

2. 目前，随着 LED 液晶显示器的广泛使用，对显示器的日常保养也非常重要。不使用计算机时，要选择动态的屏幕保护来保护液晶显示器，下面我们来设置一下屏幕保护程序：首先，打开“显示属性”对话框，单击选中“屏幕保护程序”选项卡；接着，在“屏幕保护程序”下拉列表框中系统中单击选中已存在的屏幕保护程序（图 7－41），在上方的预览框中可以查看屏保效果。如果效果不理想时，可以点“设置”按钮，进入“××屏幕保护程序设置”对话框（图 7－42）进行效果设置；最后，在“等待”数值框内设置好等待时间（图 7－43）后点“确定”或“应用”按钮。这样，在计算机屏幕停滞等待时间后会立

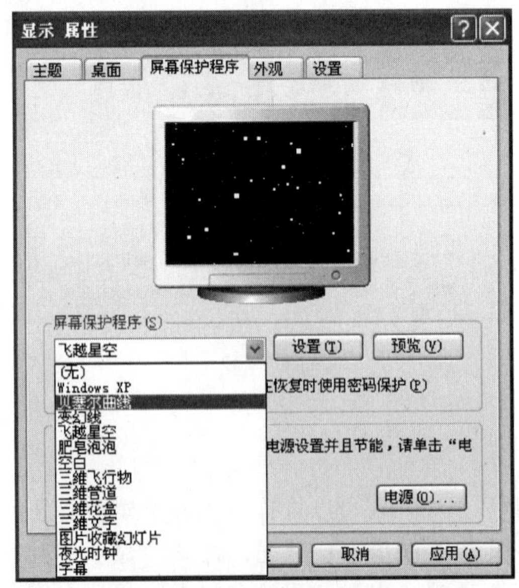

图 7－41

即启动屏幕保护程序了。

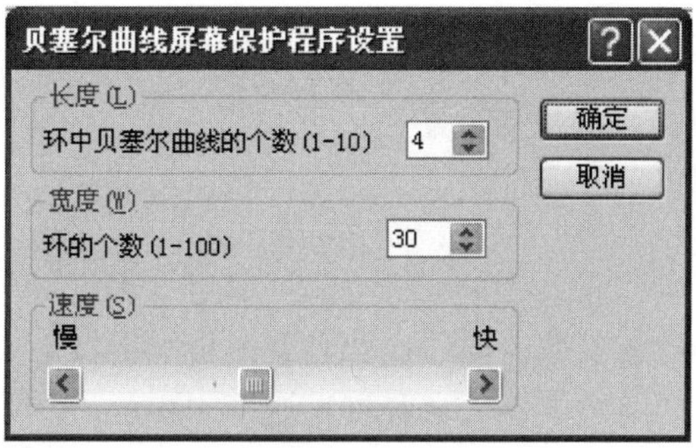

图 7－42

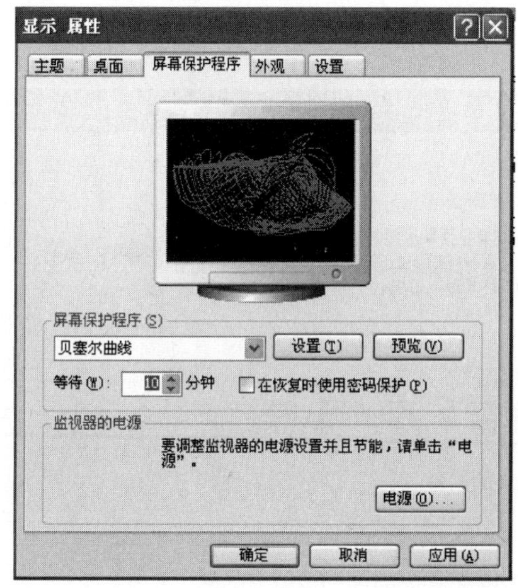

图 7－43

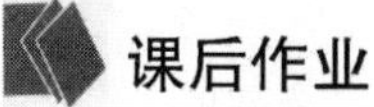

课后作业

1. 将当前的屏幕保护程序设置为“飞越星空”，并将等待时间设为 5 分钟。

2. 通过“显示属性”对话框的“主题”选项卡中的“主题”下拉列表框，将当前的主题更换为“Windows 经典”。

任务四　在 Windows XP 系统下调试鼠标器

一、任务描述

在“打印机及其他硬件”窗口下调整鼠标设置。

二、操作要点

1. 设置鼠标器的双击间隔时间；
2. 设置鼠标器的移动速度和拖动轨迹；
3. 测试鼠标器的设置。

三、操作步骤

第一步： 设置鼠标的双击间隔时间。在“控制面板”窗口中双击“鼠标”图标，弹出“鼠标属性”对话框（图7-44），在“鼠标键”选项卡中的“双击速度”栏，通过鼠标左右拖动“速度”的滑块结构，向左则双击，间隔时间长，向右则双击，间隔时间短；在“双击速度”栏的右侧测试框中，可以根据提示进行双击速度的测试。这样反复几次后可以设置一个自己适合的双击方式。

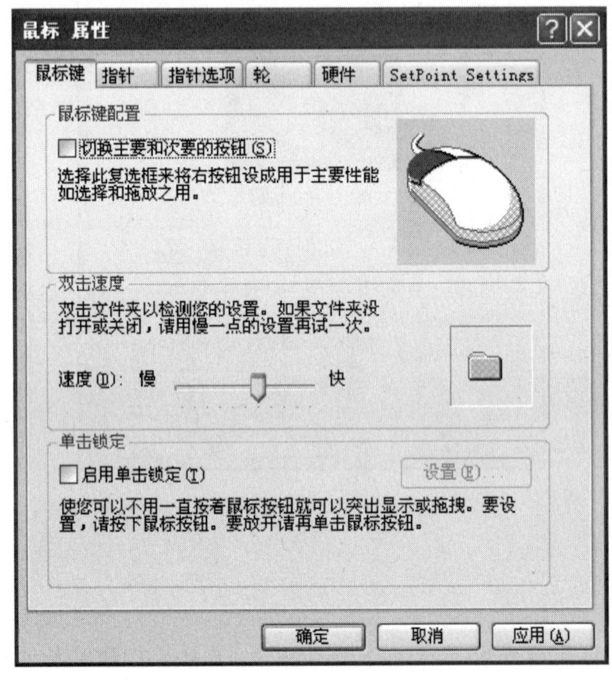

图7-44

第二步： 设置鼠标的移动速度。在“鼠标属性”对话框中单击选中“指针选项”选项卡，如图7-45所示，在“移动”栏中用鼠标左右拖动滑块，向左则鼠标移动的单位距离越小而移动速度也就越慢，向右则鼠标移动的单位距离越大而移动速度也就越快；当勾选“提高指针精确度”复选框时，鼠标在移动过程中的指向也就越精确。

第三步： 鼠标的拖动轨迹设置。在“指针选项”选项卡的“可见性”栏中勾选“显示指针踪迹”复选框，下面的滑块明亮化，如图7-46所示。这时表明可以通过鼠标的左右拖动操作来实现鼠标移动时桌面对应的指针轨迹显示时间的长短，向左则指针移动轨迹显示时间越短，向右则指针移动轨迹显示时间越长。

鼠标 属性
鼠标键
指针
指针选项
轮
硬件
SetPoint Settings
移动
选择指针移动速度(C):
慢
快
提高指针精确度(E)
取默认按钮
自动将指针移动到对话框中的默认按钮(U)
可见性
显示指针踪迹(D)
短
长
在打字时隐藏指针(H)
当按 CTRL 键时显示指针的位置(S)
确定
取消
应用(A)

图 7－45

鼠标 属性
鼠标键
指针
指针选项
轮
硬件
SetPoint Settings
移动
选择指针移动速度(C):
慢
快
提高指针精确度(E)
取默认按钮
自动将指针移动到对话框中的默认按钮(U)
可见性
显示指针踪迹(D)
短
长
在打字时隐藏指针(H)
当按 CTRL 键时显示指针的位置(S)
确定
取消
应用(A)

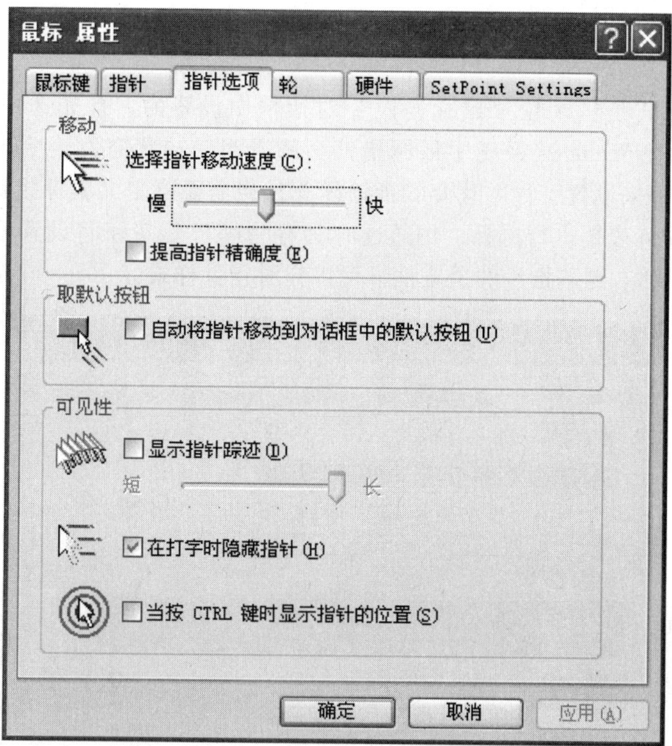

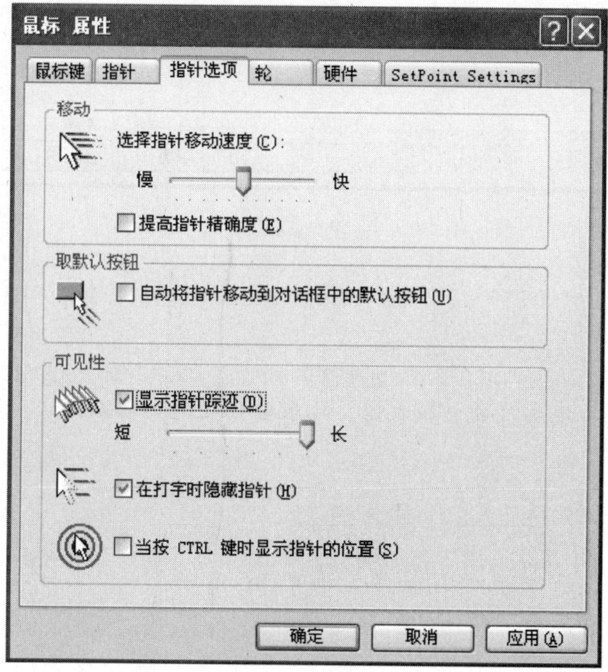

图 7－46

四、知识扩展

鼠标指针的样式是可以在“鼠标属性”对话框中设置的。首先选中“指针”选项卡(图7－47)，因为在Windows系统中鼠标指针会随着当前的状态发生变化，所以可以通过“方案”下拉列表框来设置一种一整套的指针样式；当需要自定义鼠标指针样式时，可以通过“自定义”下拉列表框进行选择，再通过“另存为……”按钮将设置固定成一个指针样式方案；而在方案的右侧是指针的预览框，可以查看指针样式。

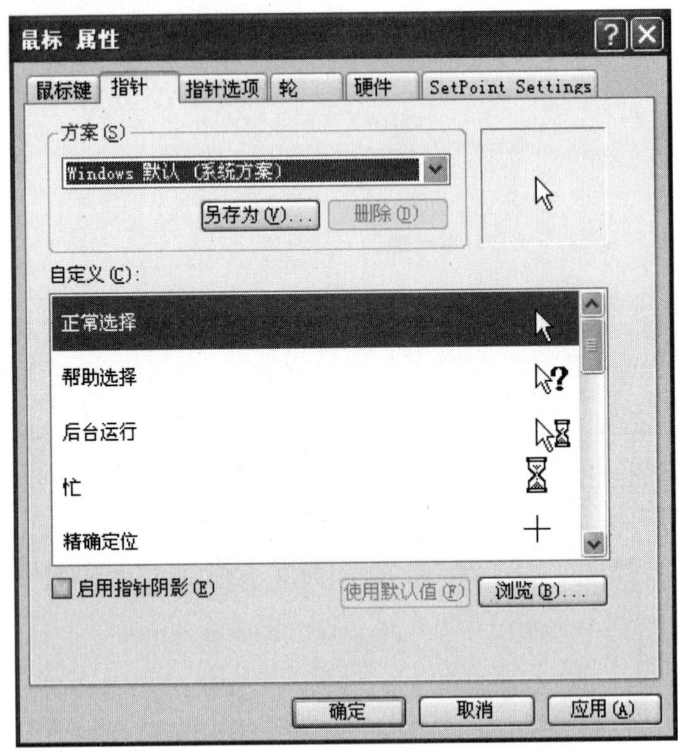

图7－47

课后作业

调整鼠标器的移动速度为最快和最慢，比较它们之间的区别。

第八章
Windows XP 系统的维护与优化

电脑磁盘经过长时间使用后，会出现很多零散的空间和磁盘碎片，一个文件可能会被分别存在不同的磁盘空间中，这样在访问这些文件时，系统就要到不同的磁盘空间中去寻找这些文件中的不同部分，从而影响系统运行的速度。同时，由于磁盘中剩下的可用空间也是零散的，创建新文件或文件夹的速度也会降低，因此需要定期对计算机的磁盘进行维护和优化。

本章将对 Windows XP 系统的维护与优化作详细的介绍。

任务一　使用“磁盘管理程序”更改驱动器名称和路径及格式化磁盘

一、任务描述

使用“磁盘管理程序”更改驱动器名称和路径及格式化磁盘。

二、操作要点

1. 控制面板的使用；
2. “磁盘管理程序”的使用。

三、操作步骤

(一) 使用“磁盘管理程序”更改驱动器名称和路径的操作步骤

1. 单击“开始”→“设置”，双击“设置”子菜单中的“控制面板”，在“控制面板”左边窗口中单击“切换到经典视图”，切换到经典视图，双击其中的“管理工具”图标，打开“管理工具”窗口，如图 8－1 所示。

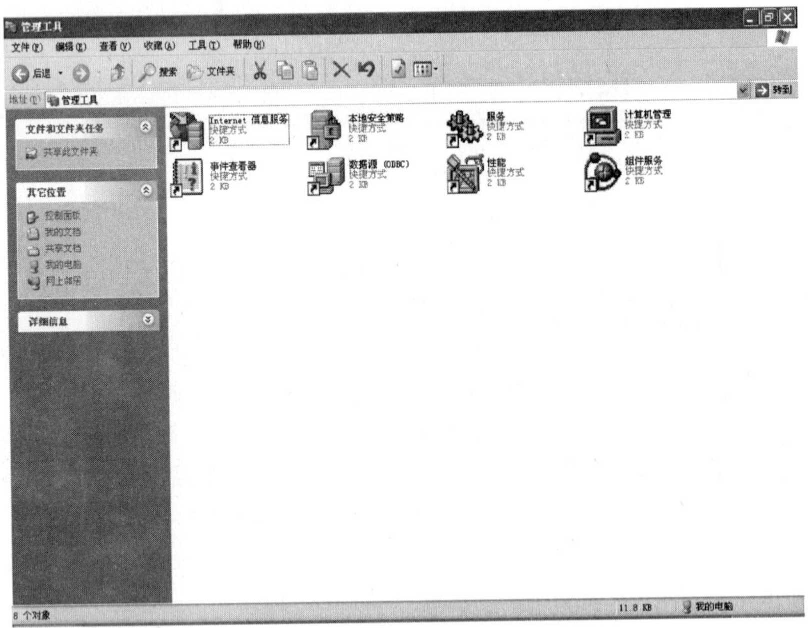

图 8－1

2. 在“管理工具”窗口中双击“计算机管理”按钮，打开“计算机管理”窗口，如图 8－2 所示。

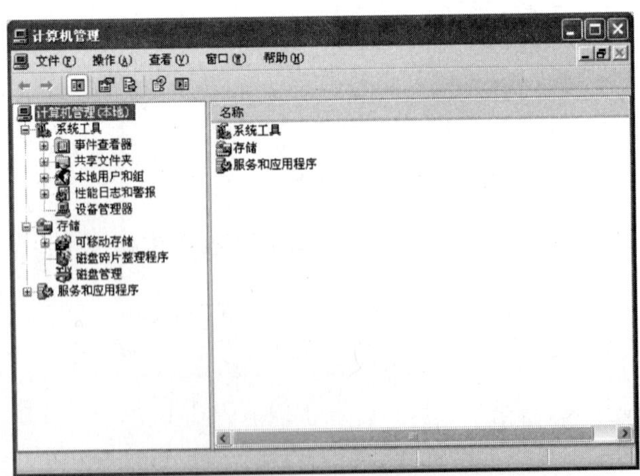

图 8－2

3. 在“计算机管理”窗口中单击左侧的“存储”图标，展开“存储”列表，单击其中的“磁盘管理”图标，在右侧窗口将显示如图 8－3 所示内容。

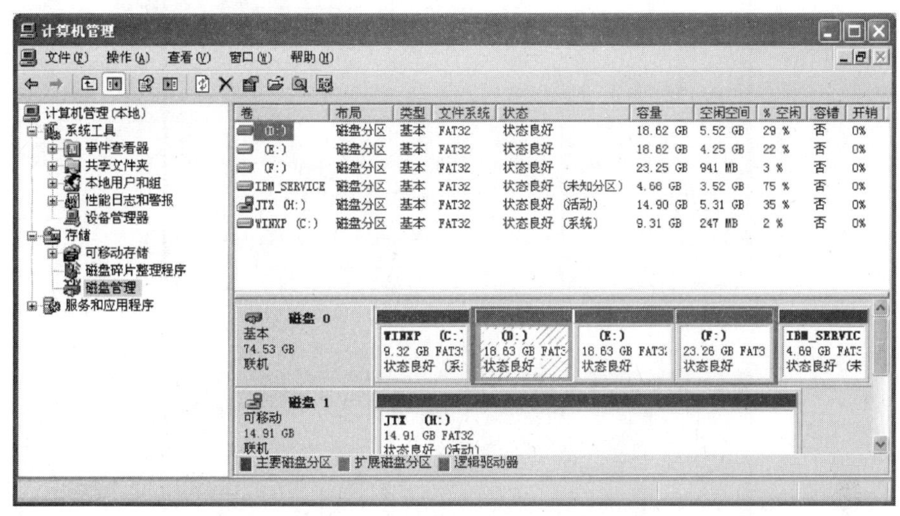

图 8－3

“磁盘管理”窗口中列出了用户本地计算机中所有的磁盘分区，以及这些磁盘分区对应的简单信息，如布局、类型、文件系统、状态、容量、空闲空间等。

用户选中一个磁盘分区后，单击鼠标右键可打开如图 8－4 所示的快捷菜单。

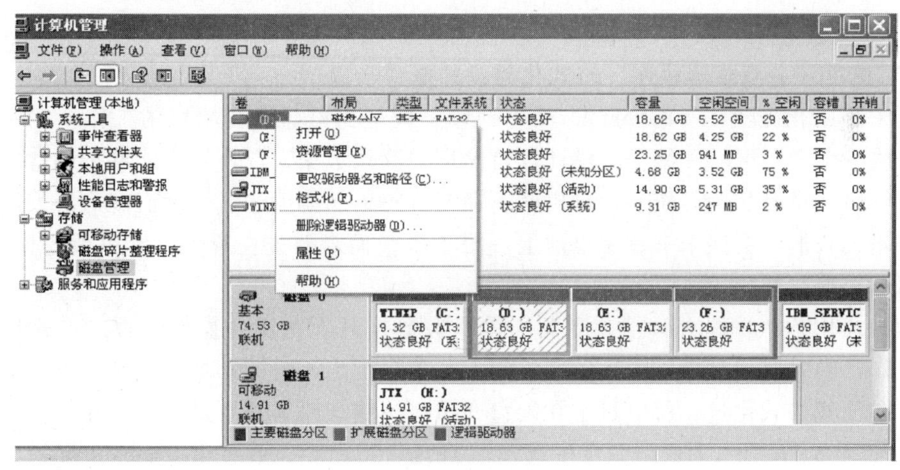

图 8－4

4. 在该快捷菜单中，用户选择“打开”或者“资源管理”命令，就可以调用 Windows XP 的资源管理器，在当前位置打开该磁盘分区；若用户选择“更改驱动器号和路径”命令，则打开“驱动器号和路径”对话框，如图 8－5 所示。

5. 单击图 8－5 中的“更改”按钮，打开“更改驱动器号和路径”对话框，如图8－6所示。

6. 从右侧的下拉列表中选择一个驱动器号，然后单击“确定”按钮，就可完成更改驱动器号的操作。

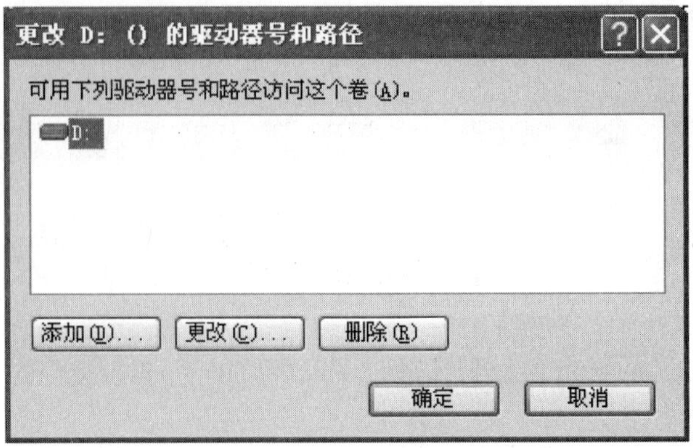

图 8－5

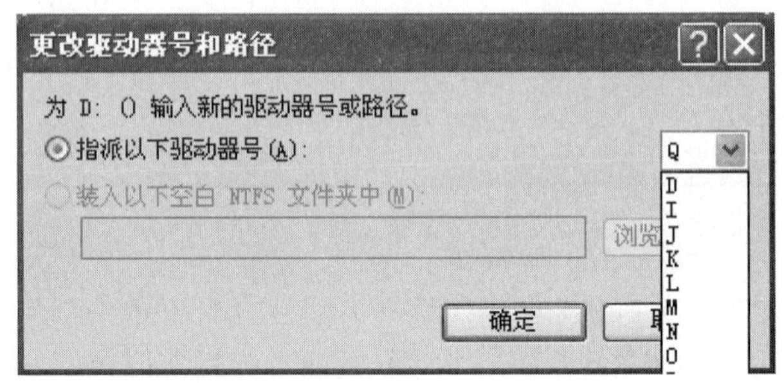

图 8－6

（二）使用“磁盘管理程序”格式化磁盘的操作步骤

所谓“格式化磁盘”（Format），简单地说，就是为磁盘做初始化的工作，把一张空白的盘划分成一个个小区域并编号，供计算机储存、读取数据，以便我们能够按部就班地往磁盘上记录资料。没有这个工作，计算机就不知在哪写，从哪读。好比我们有一所大房子要用来存放书籍，我们不会搬来书往屋里地上一扔了事，而是要先在里面支起书架，标上类别，把书分门别类地放好。

磁盘格式化是在物理驱动器（磁盘）的所有数据区上写零的操作过程。格式化是一种纯物理操作，同时对硬盘介质做一致性检测，并且标记出不可读和坏的扇区。由于大部分硬盘在出厂时已经格式化过，所以只有在硬盘介质产生错误时才需要进行格式化。

1. 在如图 8－4 所示的快捷菜单中选择“格式化”命令，或者运行操作系统的“资源管理器”，选定需要格式化的磁盘，鼠标右键单击该磁盘图标，出现如图 8－7 所示的快捷菜单，选择“格式化”命令，都将会出现如图 8－8 所示的对话框。

2. 用户可以选择将磁盘格式化成不同的格式，主要有“FAT16”、“FAT32”、“NTFS”等。单击图 8－8 所示对话框中的“开始”按钮，系统将出现一个警告对话框（图 8－9），提示用户“格式化将删除磁盘上的所有数据”，单击“确定”按钮，就开始对选定的磁盘进行格式化。

3. 当格式化磁盘完成以后，Windows XP 系统会弹出一个信息提示框告诉用户格式化已经完成。

图 8－7

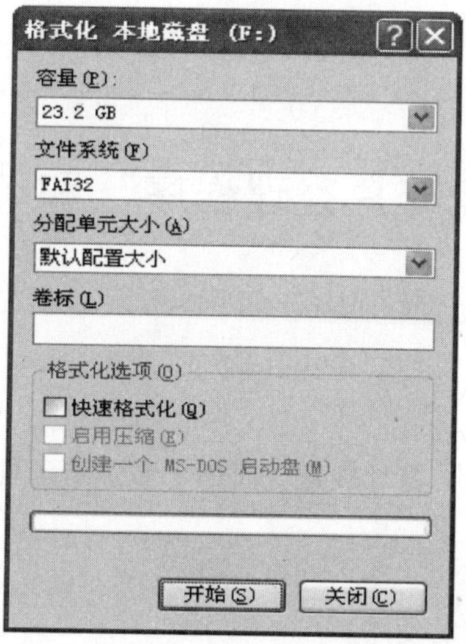

格式化 本地磁盘 (F:)
容量(P):
23.2 GB
文件系统(F)
FAT32
分配单元大小(A)
默认配置大小
卷标(L)
格式化选项(O)
快速格式化(Q)
启用压缩(E)
创建一个 MS-DOS 启动盘(M)
开始(S)　关闭(C)

图 8－8

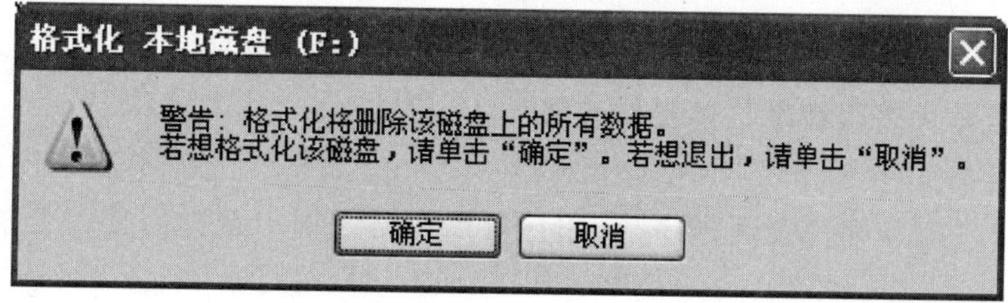

图 8－9

四、知识拓展

1. 在对磁盘进行格式化时，我们还有一个选择是"快速格式化"。当运行常规格式化命令时，会在当前分区的文件分配表中将分区上的每一个扇区标记为空闲可用，同时系统将扫描硬盘以检查是否有坏扇区，扫描过程中会为每一个扇区打上可用标记。扫描坏扇区的工作占据了格式化磁盘分区的大部分时间。

如果选择的是快速格式化，那么将只从分区文件分配表中做删除标记，而不扫描磁盘以检查是否有坏扇区。只有在硬盘以前曾被格式化过并且在能确保硬盘没有损坏的情况下，才可以使用此选项。

2. 格式化磁盘操作是一项非常危险的磁盘操作：将删除所选磁盘的所有数据。因此，格式化磁盘一定要非常慎重，如果确定要进行格式化，一定要把数据备份到其他磁盘。

课后作业

1. 通过“计算机管理程序”查看电脑上硬盘的分区情况，记录分区数目、大小和每个分区的可用空间，并修改某一磁盘分区的驱动器号和路径。

2. 事先备份某一U盘上的所有数据，再执行“格式化磁盘”操作，并查看“格式化磁盘”后的结果。

任务二　使用“磁盘碎片整理程序”和“磁盘清理程序”

一、任务描述

使用“磁盘碎片整理程序”整理磁盘，使用“磁盘清理程序”清理磁盘。

二、操作要点

1. “磁盘碎片整理程序”的使用；
2. “磁盘清理程序”的使用。

三、操作步骤

（一）“磁盘碎片整理程序”的操作步骤

1. 单击“开始”→“程序”→“附件”→“系统工具”选项中的“磁盘碎片整理程序”命令，启动“磁盘碎片整理程序”，用户可以在对话框中选择需要进行整理的驱动器，如图8－10所示。

2. 单击“分析”按钮，即可对选定磁盘进行碎片情况分析，如图8－11所示。

分析完成后，弹出分析报告对话框，提示用户是否进行碎片整理，如图8－12所示。

3. 单击“碎片整理”按钮，即可开始对选定的磁盘进行整理。在对磁盘进行碎片整理的过程中，用户可以随时了解磁盘碎片整理的进程，如图8－13所示。

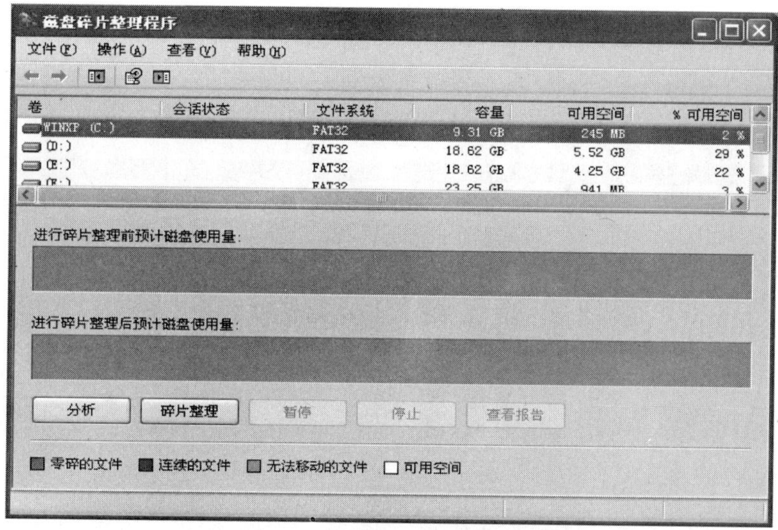

图 8－10

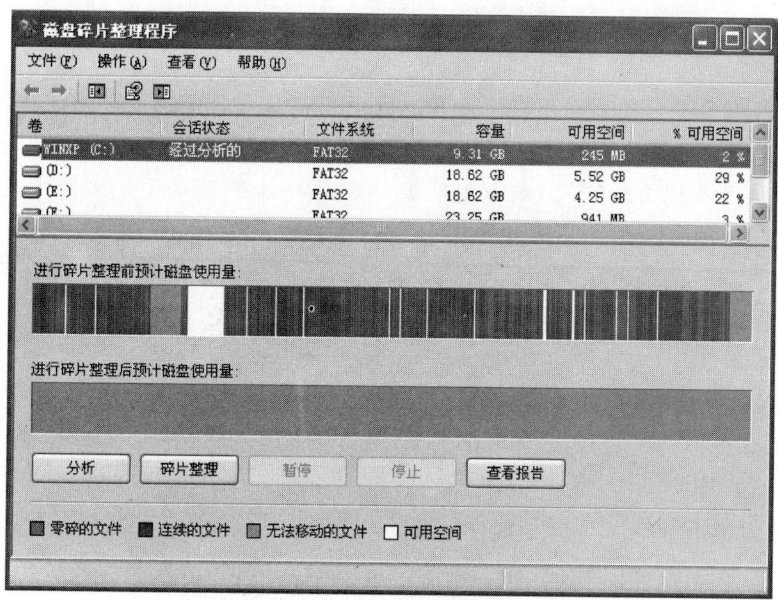

图 8－11

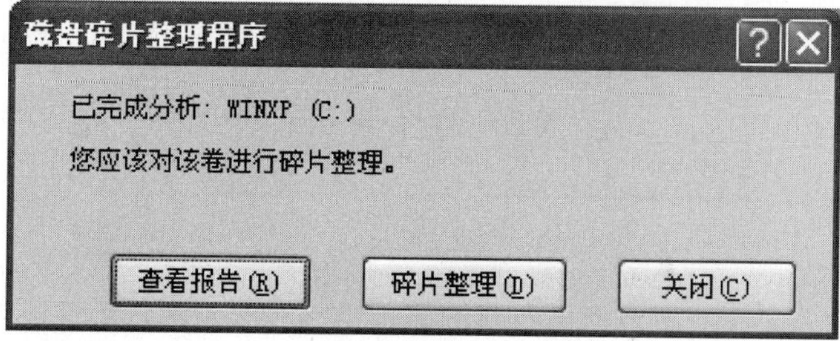

图 8－12

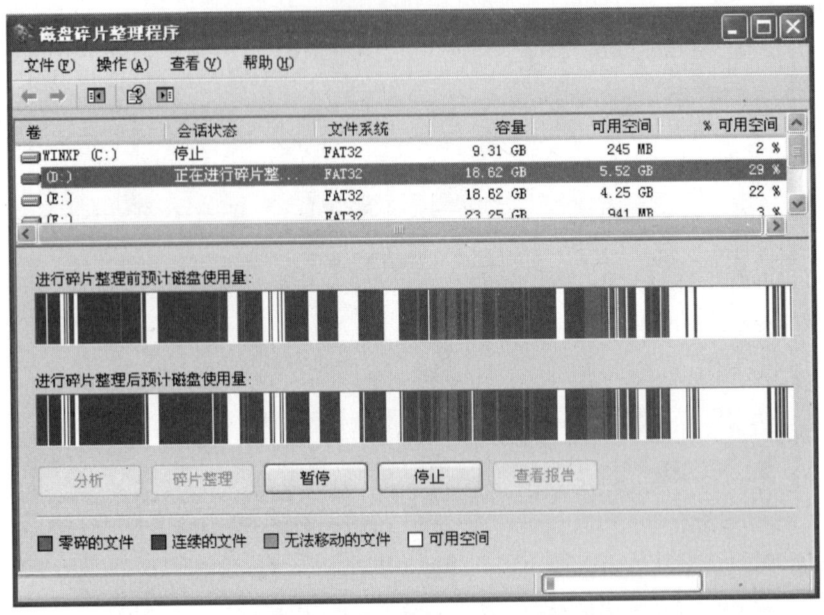

图 8－13

注意，在对磁盘进行碎片整理时，计算机也还可以执行其他任务。不过，计算机运行速度将变慢，而且“磁盘碎片整理程序”也要花费更长时间。为更快地运行其他程序，可以临时停止“磁盘碎片整理程序”，方法是单击“磁盘碎片整理程序”窗口中的“暂停”按钮。在碎片整理过程中，每当其他程序写入该磁盘后，“磁盘碎片整理程序”都将重新启动。因此，为防止“磁盘碎片整理程序”重新启动太频繁，可在整理磁盘碎片时关闭其他程序。

（二）“磁盘清理程序”的操作步骤

1. 单击“开始”→“程序”→“附件”→“系统工具”中的“磁盘清理”命令，即可启动磁盘清理程序。

2. 启动“磁盘清理程序”后，选择需要进行扫描的驱动器，如图 8－14 所示。

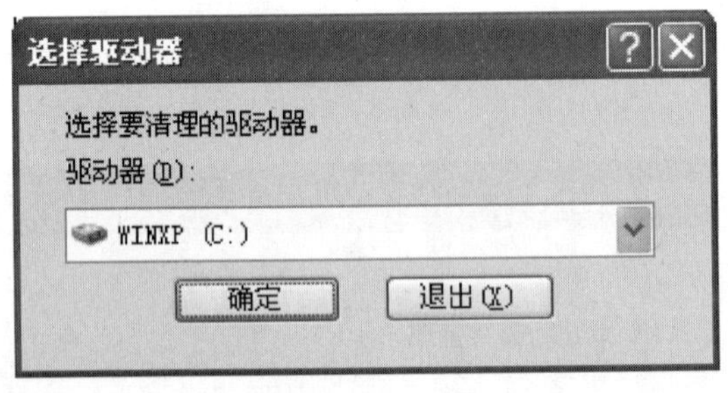

图 8－14

3. 在“要删除的文件”中选择要删除的文件类型：回收站、系统还原、用于内容索引程序的分类文件，如图 8－15 所示。

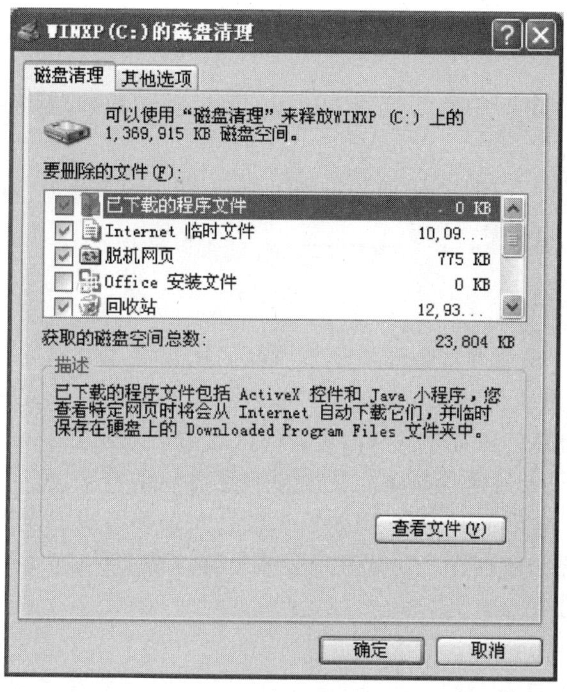

图 8-15

4. 单击“确定”按钮，即可对该磁盘进行清理。

此外，“磁盘清理程序”还提供了一些其他高级选项设置，用户可在“磁盘清理”对话框中单击“其他选项”选项卡，如图 8-16 所示。

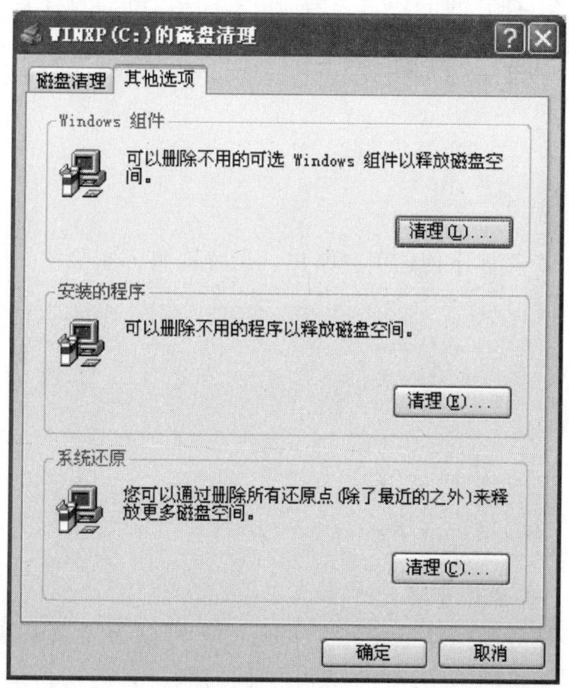

图 8-16

• 单击“Windows 组件”中的“清理”按钮，则启动“Windows 组件向导”，进行添加或删除 Windows 组件的操作。

• 单击“安装的程序”中的“清理”按钮，则启动“添加/删除程序”，使用该程序可以删除已安装的程序。

• 单击“系统还原”中的“清理”按钮，则启动“系统还原”，使用该程序可以删除已保存的系统还原点。

四、知识拓展

Windows XP 中的“磁盘碎片整理程序”可以优化程序加载和运行速度。用户通过使用“磁盘碎片整理程序”重新整理硬盘上的文件和未使用的空间，将文件存储在一片连续的内存单元中，并将空闲内存空间合并，从而可提高硬盘的访问速度。

Windows XP 中的“磁盘清理程序”帮助释放硬盘驱动器空间。“磁盘清理程序”搜索电脑中的驱动器，然后列出临时文件、Internet 缓存文件和可以安全删除的不需要的程序文件。用户可以使用“磁盘清理程序”删除部分或全部这些文件。

课后作业

1. 对电脑上的某一磁盘分区进行一次磁盘碎片整理。
2. 对电脑上的 C 盘进行磁盘清理，删除其中无用的临时文件。

任务三　使用“用户账户”管理程序创建用户账户、设置密码、删除账户

一、任务描述

使用“用户账户”管理程序创建用户账户、设置密码、删除账户。

二、操作要点

1. 创建用户账户；
2. 设置用户账户密码；
3. 删除用户账户。

三、操作步骤

（一）创建用户账户的操作步骤

作为一个多用户多任务的操作系统，Windows XP 可以为使用电脑的每一个用户设置一个单独的账户名和密码。不同的用户可以使用不同的账户名进入 Windows XP 系统进行各种操作，从而达到多人使用同一台电脑而互不影响的目的。创建用户账户，可以赋予用户一定

的计算机管理权限，但不影响其他用户和本地计算机的安全。

1. 以管理员的身份登录计算机后，单击“开始”→“设置”，双击“设置”子菜单中的“控制面板”，进入控制面板对话框。在“控制面板”左边窗口中单击“切换到经典视图”，切换到经典视图，双击其中的“用户账户”图标，就可以启动“用户账户”管理程序；打开“用户账户”窗口，如图 8－17 所示。

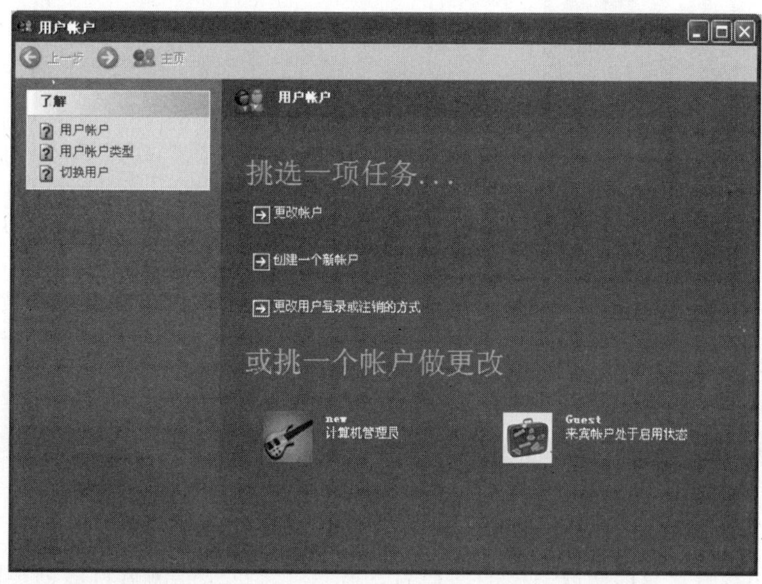

图 8－17

2. 单击“创建一个新账户”链接，打开新建“用户账户”向导对话框，在“用户名”文本框中为新账户起名，输入新添加的用户名称，如图 8－18 所示。

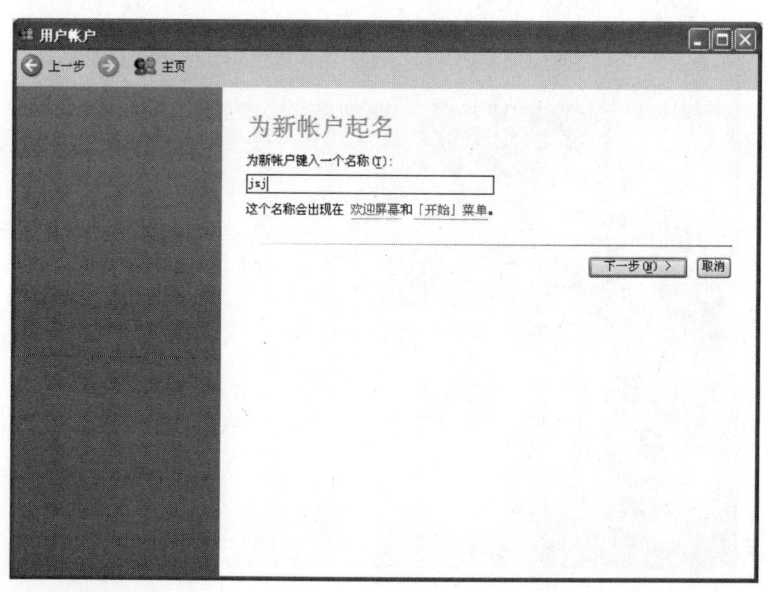

图 8－18

3. 单击“下一步”按钮，进入账户类型设置界面，为该账户挑选一个账户类型，共有两种账户类型：计算机管理员和受限账户，如图 8－19 所示。

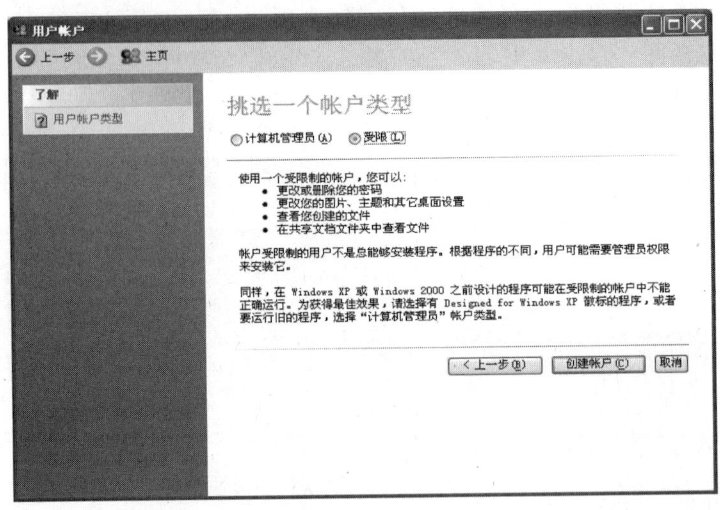

图 8－19

在 Windows XP 系统中，用户账户分为两种类型，一种是“计算机管理员”类型，另外一种是“受限”类型，两种类型的权限是不同的。“计算机管理员”拥有对计算机操作的全部权利，可以创建、更改、删除账户，安装、卸载程序，访问计算机的全部文件资料；而“受限”类型用户账户只能修改自己的用户名、密码等，也只能浏览自己创建的文件和共享的文件。

4. 单击“创建账户”按钮，关闭新建“用户账户”向导对话框，完成添加新用户操作，这样就创建了一个新的用户账户。在返回的用户账户窗口中就可以看到新建的“jsj”受限账户，如图 8－20 所示。以后就可以使用该账户来登录并使用计算机。

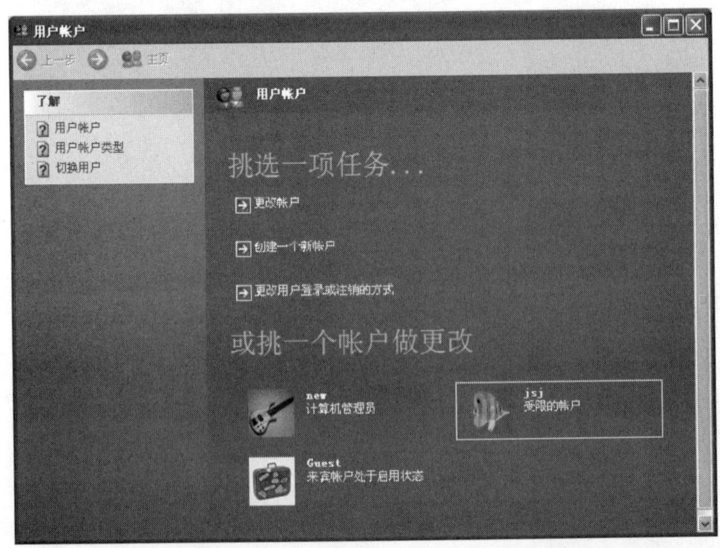

图 8－20

（二）设置用户账户密码的操作步骤

创建新的用户账户后，为保护系统的安全及用户个人的信息资料，通常还要设置用户账户密码。

1. 打开如图 8-17 所示的“用户账户”窗口，单击“更改账户”链接，选择一个要更改的账户，如“jsj”账户，出现如图 8-21 所示的窗口。

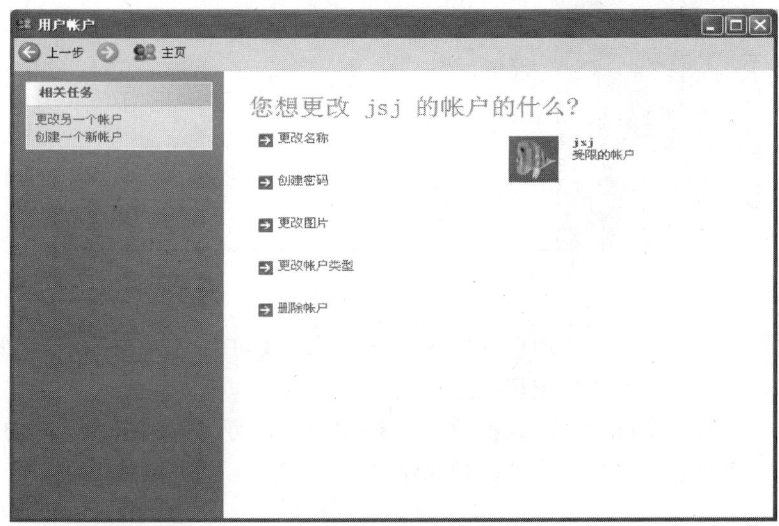

图 8-21

2. 单击“创建密码”选项按钮，打开如图 8-22 所示的创建密码对话框。

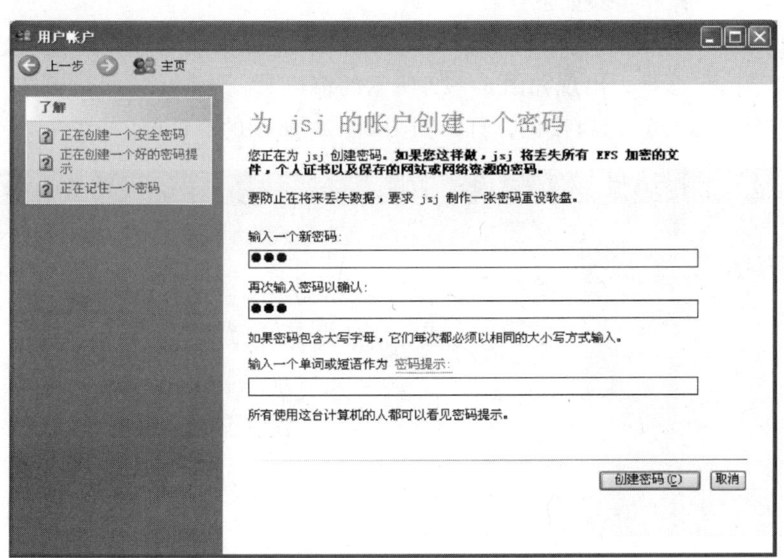

图 8-22

3. 输入密码，密码可以是英文字母（区分大小写）、数字或其他符号，然后单击“创建密码”按钮，返回更改用户账户窗口，这时窗口中“创建密码”选项按钮被系统更改为

“更改密码”选项按钮，同时增加了“删除密码”选项按钮，如图 8－23 所示。

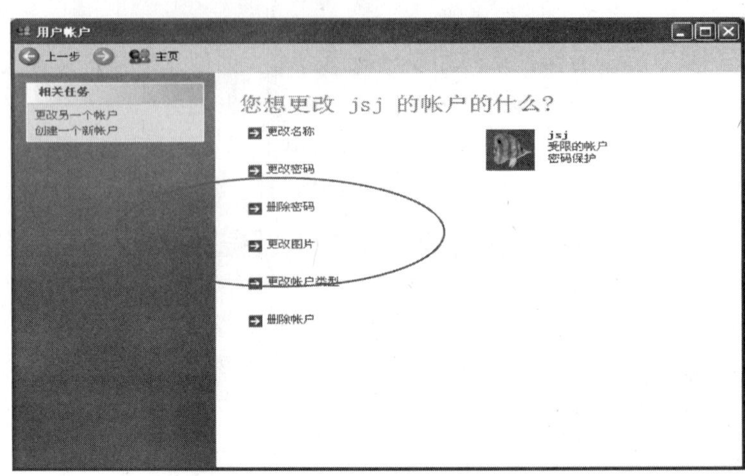

图 8－23

设置用户账户密码后，当使用该用户账户登录系统或切换用户时，系统都要提示输入密码，只有密码正确才能登录系统或切换用户成功。

通过图 8－17 所示窗口的“更改账户”链接按钮，还可以更改用户账户的名称、密码、删除密码、显示图片、更改账户类型、删除账户等。

（三）删除用户账户的操作步骤

如果某一用户账户不再使用，可以删除该用户账户。但只有管理员身份的用户账户才能删除其他用户账户，操作步骤如下：

1. 打开如图 8－17 所示的“用户账户”窗口，单击“更改账户”链接，选择一个要删除的账户，如“jsj”账户，出现如图 8－23 所示的窗口。

2. 单击“删除账户”选项按钮，打开如图 8－24 所示的对话框。

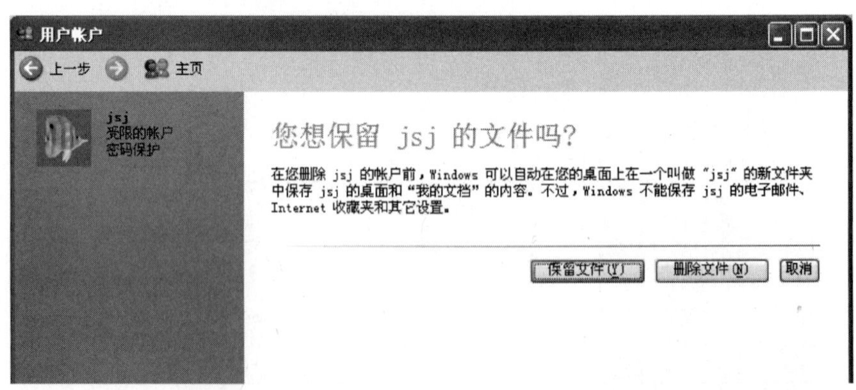

图 8－24

3. 选择是保留文件还是删除该账户的所有文件。单击“保留文件”按钮，将该账户的桌面及“我的文档”中的内容保存起来再删除该账户。单击“删除文件”按钮，将该账户的所有文件全部删除。

四、知识拓展

1. Windows XP 的 Administrator 账户是不能被停用和删除的，这意味着别人可以一遍又一遍地尝试这个用户的密码，应该把它伪装成普通用户。用户在桌面上用鼠标右击“我的电脑”，在弹出的快捷菜单中选择“管理”命令，打开“计算机管理”窗口（图 8-25），按图中所示进行相应的设置，把 Administrator 账户重命名为其他普通账户名。

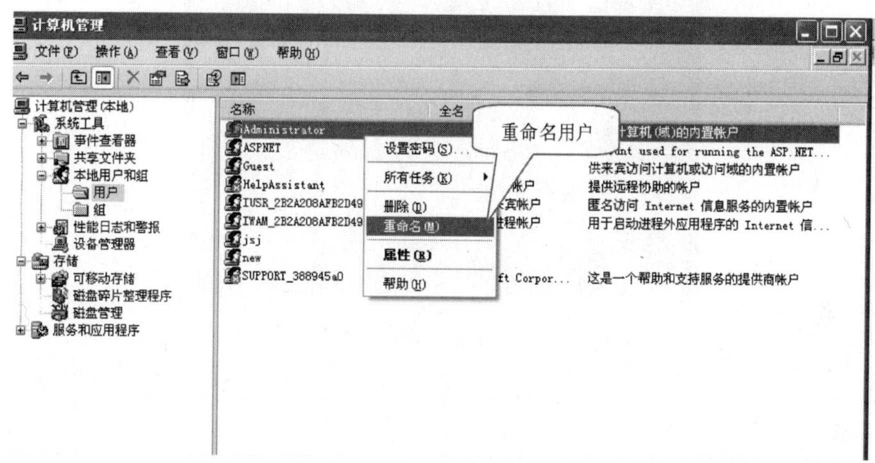

图 8-25

2. 在一个单位或家庭中，有时多人使用一台计算机，计算机上的所有信息都是公开的，没有任何保密性。为了增加计算机的使用安全，Windows XP 允许不同的用户使用自己的账户登录计算机，该账户只能访问属于自己的资源及共享资源，其他账户的资源不能访问，如果在该计算机上没有账户的用户想使用这台计算机，则可以使用来宾（Guest）账户登录并使用计算机。在图 8-17 所示“用户账户”窗口中，可以看到还有一个“Guest”账户，它不需要密码就可以访问计算机，但是只有最小权限，不能更改设置、删除安装程序等。

如果不希望其他人通过这个账户进入自己的计算机，可以在“用户账户”窗口中，单击“Guest”账户，在下一步操作中，选择“禁用来宾账户”，就可以关闭“Guest”账户了，如图 8-26 所示。

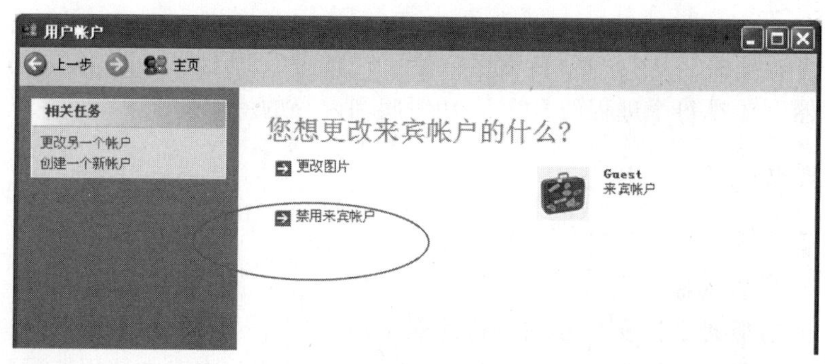

图 8-26

3. 运用 Windows XP 的注销功能，用户可以在不必重新启动系统的情况下重新登录。要注销当前用户，可以打开“开始”菜单，单击“注销”命令，弹出如图 8－27 所示的“注销 Windows”对话框，单击“切换用户”，可以在不关闭当前用户的情况下重新登录一个用户，用户可以不关闭正在运行的程序，当再次返回时系统会保留原来的系统状态。单击“注销”命令，则关闭当前登录用户。

图 8－27

课后作业

1. 用自己的名字创建一个具有计算机管理员权限的账户。
2. 对自己的名字账户设置用户账户密码。
3. 删除用自己的名字创建的账户。

任务四　使用“任务管理器”

一、任务描述

使用“任务管理器”运行一个新程序；使用“任务管理器”关闭正在运行的程序；使用“任务管理器”监视每个进程的 CPU 占用时间和内存的使用情况。

二、操作要点

1. “任务管理器”的打开方法；
2. 使用“任务管理器”运行一个新程序；
3. 使用“任务管理器”关闭正在运行的程序；
4. 使用“任务管理器”监视每个进程的 CPU 占用时间和内存的使用情况。

三、操作步骤

(一)“任务管理器”的打开方法

Windows 任务管理器可以用来查看当前运行的程序、启动的进程、CPU 及内存使用情况等信息，打开“Windows 任务管理器”通常有以下两种方法：

1. 用鼠标右键单击桌面任务栏上的空白处，出现如图 8－28 所示的快捷菜单，然后单击“任务管理器”命令，即可打开“Windows 任务管理器”(图 8－29)。

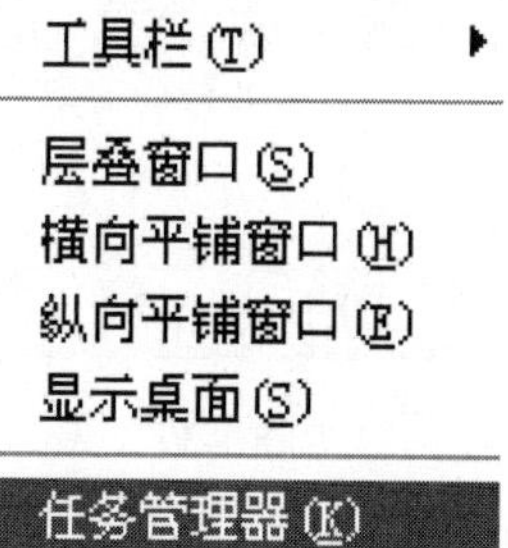

图 8－28

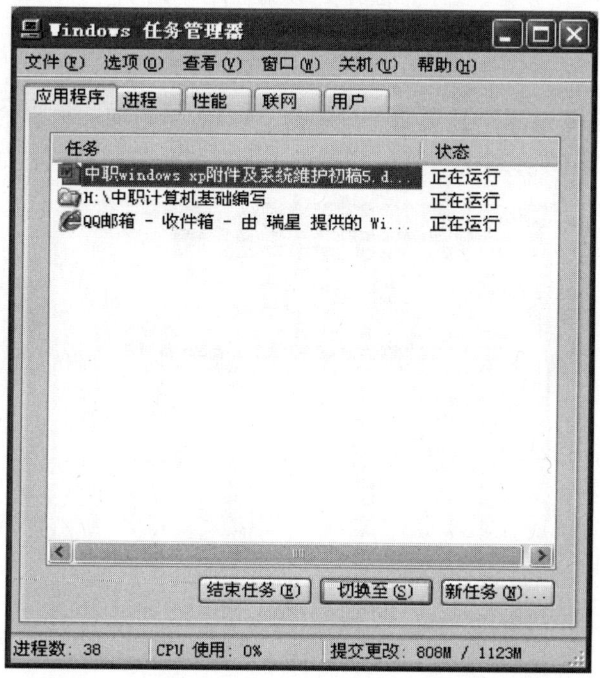

图 8－29

2. 在任何时候，均可直接按“Ctrl + Alt + Del”组合键，也可以打开“Windows 任务管理器”窗口，如图 8－29 所示。

(二) 使用“任务管理器”运行一个新程序

1. 运行“Windows 任务管理器”，选择“应用程序”选项卡，如图 8-29 所示。

2. 单击“新任务”按钮，也可以在“文件”菜单中选择“新建任务”命令，则弹出“创建新任务”对话框，如图 8-30 所示。

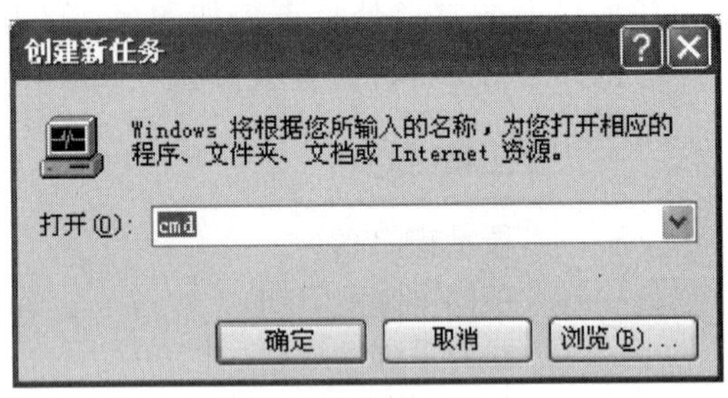

图 8-30

3. 在弹出的“创建新任务”对话框中输入要运行的程序，单击“确定”按钮即可运行一个新程序，也可以单击“浏览”按钮，在“资源管理器”中选择要运行的程序。

(三) 使用“任务管理器”关闭正在运行的程序

1. 运行“Windows 任务管理器”，选择“应用程序”选项卡，如图 8-29 所示。

2. 在任务栏中选中要关闭的程序，单击“结束任务”按钮，即可关闭一个正在运行的程序。

(四) 使用“任务管理器”监视每个进程的 CPU 占用时间和内存的使用情况

Windows XP 的“任务管理器”提供了对进程的监视和管理功能，如图 8-31 所示。

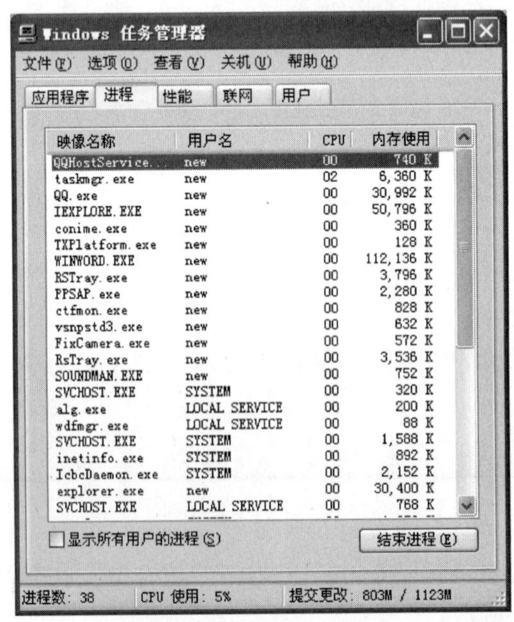

图 8-31

用户可以从“Windows 任务管理器”中监视每个进程的 CPU 占用时间和内存的使用情况，也可以结束选定的进程，甚至可以设置一个进程的优先级。具体操作步骤如下：

1. 运行“Windows 任务管理器”，选择“进程”选项卡（图 8 - 31）。

2. 选中某一进程，若单击“结束进程”按钮，则结束选定的进程。

3. 选中某一进程，若用鼠标右键单击它，则在弹出的快捷菜单中可以设置一个进程的优先级。在弹出的快捷菜单中选择“设置优先级”命令，在弹出的子菜单中，可以选择要设置的优先级，如“实时”、“高”、“高于标准”、“标准”、“低于标准”和“低”，它们的优先级依次降低。如图 8 - 32 所示。

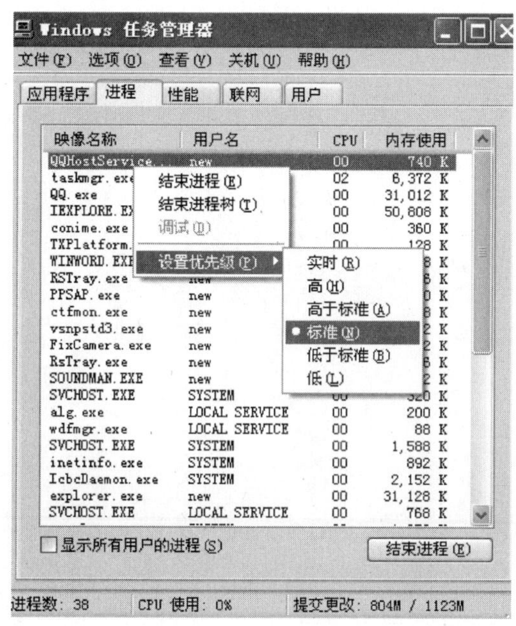

图 8 - 32

四、知识拓展

1. 某些进程是 Windows XP 操作系统运行时所必须的，结束该进程可能会使正在运行的 Windows XP 操作系统关闭，所以请慎重选择须结束的进程。

2. 如果当前用户的计算机与网络连接，通过“Windows 任务管理器”还可以查看网络状态，了解网络的运行情况。如果有多个用户连接到当前用户的计算机上，还可以看到谁在连接，他们在做什么等等。本书限于篇幅，不再细述，感兴趣的读者可查阅这方面的资料。

课后作业

1. 使用“Windows 任务管理器”运行一个新程序。

2. 使用“Windows 任务管理器”关闭一个正在运行的程序。